essentials

essentials liefern aktuelles Wissen in konzentrierter Form. Die Essenz dessen, worauf es als „State-of-the-Art" in der gegenwärtigen Fachdiskussion oder in der Praxis ankommt. *essentials* informieren schnell, unkompliziert und verständlich

- als Einführung in ein aktuelles Thema aus Ihrem Fachgebiet
- als Einstieg in ein für Sie noch unbekanntes Themenfeld
- als Einblick, um zum Thema mitreden zu können

Die Bücher in elektronischer und gedruckter Form bringen das Expertenwissen von Springer-Fachautoren kompakt zur Darstellung. Sie sind besonders für die Nutzung als eBook auf Tablet-PCs, eBook-Readern und Smartphones geeignet. *essentials:* Wissensbausteine aus den Wirtschafts-, Sozial- und Geisteswissenschaften, aus Technik und Naturwissenschaften sowie aus Medizin, Psychologie und Gesundheitsberufen. Von renommierten Autoren aller Springer-Verlagsmarken.

Weitere Bände in dieser Reihe http://www.springer.com/series/13088

Volkmar Agthe · Stefan Löchner
Steffen Schmitt

Intelligente Vergabestrategien bei Großprojekten

Ein Überblick

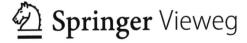

Volkmar Agthe
Frankfurt am Main, Deutschland

Dr.-Ing. Steffen Schmitt
Frankfurt am Main, Deutschland

Stefan Löchner
Frankfurt am Main, Deutschland

ISSN 2197-6708   ISSN 2197-6716   (electronic)
essentials
ISBN 978-3-658-16152-1   ISBN 978-3-658-16153-8   (eBook)
DOI 10.1007/978-3-658-16153-8

Die Deutsche Nationalbibliothek verzeichnet diese Publikation in der Deutschen Nationalbibliografie; detaillierte bibliografische Daten sind im Internet über http://dnb.d-nb.de abrufbar.

Springer Vieweg
© Springer Fachmedien Wiesbaden GmbH 2016

Gedruckt auf säurefreiem und chlorfrei gebleichtem Papier

Springer Vieweg ist Teil von Springer Nature
Die eingetragene Gesellschaft ist Springer Fachmedien Wiesbaden GmbH
Die Anschrift der Gesellschaft ist: Abraham-Lincoln-Str. 46, 65189 Wiesbaden, Germany

Was Sie in diesem *essential* finden können

- Analyse der Risiken der am Bau Beteiligten
- Darstellung der verschiedenen Vergabemodelle
- Möglichkeiten der Aufteilung eines Bauprojektes in Pakete für die Vergabe von Planungs- und Bauleistungen
- Entwurf einer „intelligenten" Vergabestrategie

Inhaltsverzeichnis

Einleitung 1

Spektakulär in die Schieflage geratende Großbauprojekte der öffentlichen Hand wie der Flughafen Berlin, die Elbphilharmonie oder Stuttgart 21 zeigen, dass die sich stellenden Herausforderungen in diesem Segment nicht mehr mit tradierten Methoden der Planung und Bauausführung zu bewältigen sind. Das Dilemma aus dem Ruder laufender Kosten bei öffentlichen Großbauprojekten ist keinesfalls neu und auch kein deutsches Phänomen. Bereits der Suezkanal war 20-mal teurer als die ersten Kostenschätzungen und immer noch 3-mal teurer als die Annahmen zu Baubeginn. Das Opernhaus von Sydney überschritt die Baukostenschätzung um das 15-fache. Beim Kanaltunnel zwischen England und Frankreich lagen die Baukosten immerhin noch 80 % höher als angenommen. Aber auch im Sektor privater Projektentwicklungen wird immer klarer, dass die herkömmliche Herangehensweise nicht zum Ziel führt und Bauvorhaben bei weitem nicht „in time" und erst recht nicht „in Budget" realisiert werden können.

Dies liegt nicht an der Unfähigkeit der Beteiligten, sondern zum Beispiel daran, dass ein immer höherer Kostendruck zu reduzierten Planungs- und Bauzeiten und insgesamt zu reduzierten Budgets führt, bei gleichzeitig steigender Komplexität der Bauaufgabe, insbesondere bei Großprojekten.

Nicht umsonst wird immer öfter die Planung parallel zur Bauausführung nicht nur komplettiert, sondern inhaltlich erstellt („Fast-Track-Methode"). Bereits in den 70er Jahren des vergangenen Jahrhunderts wurde dieser Begriff im Zusammenhang mit dem „Professional Construction Management" geprägt ([1], [2]). Es liegt auf der Hand, dass in derartigen Fällen überkommene Vergabearten, wie die Vergabe aller Bauleistungen vor Baubeginn an einen Generalunternehmer oder im Wege der Einzelvergabe mangels hinreichender Bestimmtheit der Leistungen mit hohen Risiken behaftet sind.

© Springer Fachmedien Wiesbaden GmbH 2016
V. Agthe et al., *Intelligente Vergabestrategien bei Großprojekten*,
essentials, DOI 10.1007/978-3-658-16153-8_1

Als Lösungsmöglichkeiten wurden alternative Vergabemodelle entwickelt, wie die Vergabe mit *„garantierten Maximalpreisen"* (GMP), die Beauftragung von Construction Managern (CM) sowohl *„at agency"* als auch *„at risk"* oder die Abwicklung von Bauprojekten in Partnerschaftsmodellen. Die Risiken in der Abwicklung komplexer Großprojekte sollen durch das frühe Einbinden von ausführenden Unternehmen reduziert werden.

Meist werden jedoch derartige Vergabemodelle unreflektiert und schematisch eingesetzt ohne Analyse der spezifischen Risiken des konkreten Bauprojekts. Dies ist jedoch der entscheidende Punkt, wobei es nicht damit getan ist, Risiken möglichst einseitig abzuwälzen. Die Erfahrung zeigt, dass einseitige Risikozuweisungen nicht zum Erfolg, also zur Realisierung des Projekts in der gewünschten Qualität, zu budgetierten Kosten und innerhalb des vorgesehenen Zeitrahmens, führen, sondern nur ein System von Checks und Balances, bei dem am Ende beide Partner das Projekt als Erfolg bewerten können.

Dieser Beitrag untersucht die Voraussetzungen für ein intelligentes, zum Erfolg führendes Vergabesystem und die hierfür in Betracht kommenden Lösungsmöglichkeiten.

Analyse der Risiken der Beteiligten 2

2.1 Risikobegriff

Der Begriff des Risikos beschreibt in einem umfassenden Sinn die Möglichkeit des Eintritts eines Ereignisses, das unerwünschte – negative – Folgen hat ([3]), wobei die Frage, was als negativ anzusehen ist, einer subjektiven Beurteilung unterliegt. Das Risiko des Eintritts einer negativen Folge für den einen kann die Chance des anderen sein.

Komponenten des Risikos sind einerseits die Wahrscheinlichkeit des Eintritts des ungewünschten Ereignisses und andererseits dessen Auswirkungen (Schaden). Rechtlich steht der Begriff des Risikos im Zusammenhang mit den weiteren Begriffen Gefahr bzw. Restrisiko ([4], S. 496 ff.). Hierbei wird die Gefahr verstanden als ein ausgeprägtes Risiko mit entweder hoher Wahrscheinlichkeit des Eintritts der negativen Folge und/oder des Eintritts eines großen Schadens, wohingegen beim Restrisiko die Eintrittswahrscheinlichkeit und/oder das Ausmaß des Schadens gering sind.

Bei Bauprojekten ergeben sich Risiken der Beteiligten vornehmlich aus den Faktoren Zeit, verstanden als die Dauer der Projektrealisierung (Bauzeit), Kosten sowie Qualitäten im Sinne der vertragsgemäßen Umsetzung aller Vorgaben für das Projekt einschließlich der Mängelfreiheit. Diese Elemente beinhalten für die am Bau Beteiligten unterschiedliche Risiken, auf die nachstehend kurz eingegangen werden soll.

© Springer Fachmedien Wiesbaden GmbH 2016
V. Agthe et al., *Intelligente Vergabestrategien bei Großprojekten*,
essentials, DOI 10.1007/978-3-658-16153-8_2

2.2   Risiken des Bauherrn

(1) Projektimmanente Risiken
Aus der Sphäre des Bauherrn resultieren zunächst projektimmanente Risiken, wie z. B. das Baugrundrisiko ([5], § 13, Rn. 115), das Schlechtwetterrisiko, das Risiko unvollständiger und/oder nicht koordinierter Planung, die Schnittstellen zwischen den Gewerken sowie das Risiko der Insolvenz von Projektbeteiligten. Neben diesen unmittelbaren Risiken existieren mittelbare Risiken, wie das Verwendungs- oder Finanzierungsrisiko, volkswirtschaftliche Risiken (Länder-, Konjunkturrisiken) etc., die nachstehend nicht näher betrachtet werden.

(2) Risiko von Leistungsänderungen
Beim Bauvertrag legen die Parteien Art und Umfang des herzustellenden Werkes fest, indem sie individuell bestimmen, was und gegebenenfalls wie zu bauen ist, um den vertraglich geschuldeten Werkerfolg zu erreichen. Insoweit besteht für den Bauherrn das weitere Risiko, dass sich durch die willentliche Veränderung der beauftragten Bauleistungen im Sinne einer aktiven Veränderung (Leistungsänderungen durch Beauftragung geänderter oder zusätzlicher Leistungen) terminliche sowie finanzielle Auswirkungen ergeben können ([6], Rd. 4, 100, 700, 720).

Während der Bauherr das Risiko von Leistungsänderungen meist steuern kann, und ihm hierdurch ein zumindest subjektiver Mehrwert entsteht, wird der Bauherr versucht sein, die projektemanenten Risiken weitgehend zu vermeiden bzw. auf seine Projektpartner zu verlagern, weil er hierdurch nicht ein *„Mehr"* oder eine bessere Qualität erhält, sondern sich das Projekt im Zweifel bei gleicher Qualität lediglich verteuert bzw. sich die Bauzeit verlängert. Einzelheiten hierzu werden nachstehend unter C. und D. diskutiert.

(3) Risiken aus der Projektorganisation
Neben den vorstehend kurz beschriebenen Projektrisiken ergeben sich für den Bauherrn Risiken auch daraus, wie er sich selbst organisiert. Dabei kann grundsätzlich unterschieden werden zwischen Bauherren mit technischer Fachkompetenz (z. B. Projektentwickler), die in der Regel über ein eigenes, fachlich versiertes und erfahrenes Projektteam verfügen, und Bauherrn ohne entsprechende Fachkompetenz (z. B. Vermögensverwalter, Unternehmen), die eigene Bauvorhaben (z. B. neue Verwaltungs- oder Produktionsgebäude) realisieren. Letztgenannte Bauherren müssen das eigene Projektteam entweder inhouse aufbauen oder die benötigte externe Unterstützung dazu kaufen.

Dieses Risiko wird regelmäßig unterschätzt, ist aber von erheblicher Bedeutung ([7]). Ein Versagen in diesem Bereich stellt für den Bauherrn eine besondere

Gefahr in Bezug auf das Gelingen bzw. Misslingen (s)eines Bauvorhabens in finanzieller, terminlicher und qualitativer Hinsicht dar.

(4) Risiken aus der Projektführung
In der Praxis organisiert der Bauherr größere Bauprojekte, indem eine nur für das konkrete Bauvorhaben aufgesetzte Projektgesellschaft (Single Purpose Vehicle, „*SPV*") gegründet wird, die als Bauherr auftritt. Hiergegen allein spricht noch nichts. Steuerliche Gründe, die spätere Verwertung des realisierten Bauprojekts oder die bilanzielle Abgrenzung in einem Konzern machen derartige Konstruktionen sinnvoll und üblich.

Risiken ergeben sich jedoch daraus, dass die Führung/Projektleitung dieser Projektgesellschaft nicht die notwendige Kompetenz für die Umsetzung des Projekts, insbesondere Entscheidungskompetenz und -befugnis besitzt. Vor allem bei großen Projekten von Unternehmen, deren Kernkompetenz in anderen Bereichen liegt, finden sich oft „*handgestrickte*" Führungs- und Kontrollorganisationen, die nicht mit Personen besetzt sind, die über Erfahrung mit derartigen Projekten verfügen.

Die Folge einer unzureichenden Bauherrenorganisation ist, dass die sich von Beginn an stellenden Fragen und Entscheidungen nicht, nicht rechtzeitig, schlimmstenfalls falsch getroffen werden. Es fehlt an Persönlichkeiten und Projektstrukturen, die in der Lage sind, klare Vorgaben und Lösungswege mit den Projektbeteiligten kompetent zu diskutieren und zu entscheiden.

Hierzu zählen auch gegebenenfalls erforderlich werdende drastische Schritte, wie z. B. ein temporärer Projektstopp aufgrund unzureichender Schnittstellenkoordination. Die Folge sind häufig Behinderungsanzeigen der Werkunternehmer.

Statt das Projekt anzuhalten und die Defizite zu beseitigen, wird „mutig" weitergebaut und geplant. Möglicherweise wird noch der eingesetzte Werkunternehmer als „rettender Engel" beauftragt, in dem er die Planungsdefizite selbst beseitigen soll, in der Hoffnung, Termine und Kosten doch noch für den Bauherrn zu retten. Zahlreich sind jedoch die Beispiele dafür, dass gerade derartige Entscheidungen das Projekt erst in eine völlige terminliche und kostenmäßige Schieflage führen.

Ein weiteres Risiko des Bauherrn liegt in seiner Kosten- und Terminplanung. Nicht (nur) die im Laufe eines Bauprojekts durch Verzüge oder Nachträge verursachten Kostensteigerungen bewirken, dass das ursprüngliche Budget sowie die Terminziele verfehlt werden. Oftmals ist bereits das Ursprungsbudget ebenso wie die zugrunde liegende Terminplanung unrealistisch. Die Gründe hierfür sind vielfältig und nicht selten „politisch" motiviert, um in den internen Gremien „grünes Licht" für die Projektrealisierung zu erhalten. Für den Bauherrn liegt das hieraus resultierende

Risiko nicht nur in den Sowieso-Kosten ([8], § 8, Rn. 164), sondern darüber hinaus darin, dass eine unrealistische Kosten- und Terminplanung im Ergebnis zu Kosten und Terminen führt, die in aller Regel noch deutlich über den Sowieso-Kosten liegen.

2.3 Risiken der Werkunternehmer

Ziel des Werkunternehmers ist, Umsatz zu generieren und Gewinn zu erzielen. Diese an sich banale Feststellung darf in ihren Auswirkungen nicht unterschätzt werden. Aus der Notwendigkeit, ein Bauprojekt nicht mit roten Zahlen abzuschließen, ergeben sich auch seine Risiken.

Der Werkunternehmer verkauft kein Produkt, das er bereits besitzt und dessen Kosten er bereits kennt. Es gibt grundsätzlich keine Prototypen oder Nullserien wie z. B. in der Automobilindustrie. In aller Regel stehen Werkunternehmer im Wettbewerb um einen Bauauftrag.

Jeder Bauvertrag hat eine Leistungsseite und eine Vergütungsseite. Was die Leistungsseite anbelangt, legt der Vertrag und als dessen wesentlicher Teil die Leistungsbeschreibung fest, welche Bauleistungen der Werkunternehmer zu erbringen hat, das sogenannte „Bausoll" ([9], S. 36). Unter Leistungsbeschreibung ist insoweit die Gesamtheit aller vertraglich verbindlichen Unterlagen zu verstehen, in denen die zu erbringende Bauleistung dargestellt ist. In der Praxis sind dies die Baubeschreibungen sowie Leistungsverzeichnisse und Planunterlagen (z. B. Pläne, Skizzen, Gutachten, usw.). Jedoch sind auch Hilfsmittel zur Darstellung der Vertragsleistungen denkbar, wie z. B. Modelle und Muster ([9], S. 37).

Neben der Leistungsseite ist die Vergütungsseite zu beachten
Für die Bauleistungen hat der Werkunternehmer im Allgemeinen einen Festpreis anzubieten. Die Kalkulation ist somit ein wichtiger Bestandteil des Alltagsgeschäfts. Der Werkunternehmer gliedert seine Kalkulation grundsätzlich in folgende Kosten- bzw. Preisbestandteile:

- Einzelkosten der Teilleistungen (EKdT) bzw. direkte Kosten, z. B. Lohn-, Material-, Gerätekosten, sonstige Kosten und Kosten der Nachunternehmerleistungen.
- Gemeinkosten (GK), bestehend aus:
  - Baustellengemeinkosten (BGK), z. B. Kosten der Technischen Bearbeitung bzw. Planungskosten, Kosten der Baustelleneinrichtung, Aufsichtskosten, Bauzinsen, Vorfinanzierung/Kapitalbereitstellung, projektbezogene Versicherungen und Bürgschaften.

- Allgemeine Geschäftskosten (AGK), z. B. Kosten der Unternehmenslei-
  tung/ -verwaltung, Stabstellen, Serviceeinheiten, Bauhof, öffentliche Abga-
  ben, unternehmensbezogene Versicherungen, Werbung, Verbandsbeiträge.
- Wagnis (W), z. B. Kosten für Gewährleistung, Gefahrtragung, Insolvenzen der
  Nachunternehmer, Lohn- und Stoffpreiserhöhungen.
- Gewinn (G) als Kapitalverzinsung.

Die EkdT und die BGK bilden zusammen die Herstellkosten, die bei der Erstellung der Leistung auf der Baustelle entstehen. Die Selbstkosten, die der Werkunternehmer bei der Durchführung des Bauvorhabens im Ganzen aufbringen muss,
setzen sich zusammen aus den Herstellkosten zuzüglich den dem Bauvorhaben
zugeordneten AGK.

Der Werkunternehmer kalkuliert die Kosten für Risiken jedoch nicht nur unter
dem Kostenbestandteil Wagnis ein, sondern auch innerhalb anderer Kostenbestandteile. Dadurch ist es für den Bauherrn schwierig, die vom Werkunternehmer
einkalkulierten Risikokosten zu quantifizieren.

Den Zuschlag erhält das beste, oder, mit den Worten der VOB/A, das wirt-
schaftlichste Angebot (§ 16 Abs 6 Nr. 3 VOB/A). Zahlreich sind die Ausführungen in Literatur und Rechtsprechung, was unter dem wirtschaftlichsten Angebot
zu verstehen ist ([10], Rn. 215 ff.). In der Praxis zeigt sich, dass derjenige den
Zuschlag erhält, der den niedrigsten Gesamtpreis offeriert.

Somit ist für den Werkunternehmer entscheidend, dass er die Kunst der
Kalkulation beherrscht und in der Lage ist, die vom Bauherrn übergebenen
Angebotsunterlagen kalkulatorisch so umzusetzen, dass er einerseits einen wett-
bewerbsfähigen Preis anbieten kann und andererseits gleichzeitig Möglichkeiten
offen hält, ein für ihn auskömmliches Ergebnis zu erzielen. Hierzu schreibt Klu-
encker zutreffend ([11], S. 2):

Owners were experiencing chronic problems with their projects. Projects were typi-
cally over budget and behind schedule in a time of high inflation. Bidding compe-
tition became tougher and margins were squeezed. To successfully assemble a low
bid, contractors had to take advantage of every missing item in the documents and
every potential claim to be „read low" on bid day. If they included extra dollars for
work not shown in the documents, but obviously necessary to complete the project,
odds were they wouldn't get the job. The result was that during construction, contractors had to make claims for any work not shown or implied on the documents,
but necessary to complete the project.

Gerade in diesem Spannungsverhältnis – bester Preis bzw. Auskömmlichkeit – liegt
der Grund für zahlreiche Streitigkeiten zwischen Bauherrn und Werkunternehmern.

Der geschickt kalkulierende Werkunternehmer muss bestrebt sein, die Angebotsunterlagen des Bauherrn so eingehend zu analysieren, dass er darin enthaltene Widersprüche, Lücken oder Fehler erkennt, um hieraus Potenzial für spätere Nachträge zu generieren, durch die er eine gegebenenfalls anfänglich nicht auskömmliche Kalkulation nachbessern kann.

Jedoch gehört es nicht zu dem Pflichtenkreis des Werkunternehmers, die ihm vom Bauherrn zur Verfügung gestellten baulichen Vorleistungen oder Planunterlagen der vom Bauherrn beauftragten Architekten, Ingenieure und Sonderfachleute einer eigenständigen Prüfung zu unterziehen und letztlich die Planung dieser Beteiligten zu wiederholen. Der Werkunternehmer hat in der Regel nur eine eingeschränkte Prüfpflicht. Bei Planungsfehlern ist häufig eine Abwägung der jeweiligen Verursachungsbeiträge vom Bauherrn (Mängel in der bereit gestellten Planung) und Werkunternehmer (Verletzung seiner Prüf- und Hinweispflicht) vorzunehmen.

Auf die Einzelheiten hierzu wird nachstehend bei der Darstellung der verschiedenen Vergabemöglichkeiten eingegangen. An dieser Stelle genügt der Hinweis, dass aus der *„Bestpreis-Systematik"* für den Werkunternehmer das Risiko erwächst, unauskömmlich zu kalkulieren. Der Werkunternehmer muss daher Strategien entwickeln, einerseits den Auftrag über das preisgünstigste (billigste) Angebot zu erhalten, andererseits aber die Möglichkeit und Flexibilität zu behalten, unauskömmliche Teile seines Angebots durch Nachträge im Rahmen des abgeschlossenen Vertrages später nachzubessern.

Insoweit geht es nicht um die Themen einer frivolen Kalkulation ([12]) oder darum, den Werkunternehmern hinterhältige Auftragnehmer-Strategien zu unterstellen ([13], S. 592 f.). Es geht allein darum, dass Werkunternehmer auf die Marktgegebenheiten reagieren.

2.4   Risiken der Planer

Die Risiken der Planer liegen zwischen denjenigen des Bauherrn und der Werkunternehmer. Es handelt sich im Wesentlichen um Vergütungs- und Haftungsrisiken.

Die Vergütung von Planern bzw. Architekten und Ingenieuren ist in der Honorarordnung für Architekten und Ingenieure (HOAI) geregelt. Sie soll den Planern ein auskömmliches Honorar sichern. Dies kann sich zum einen dann ändern, wenn nach den Regelungen der HOAI eine freie Honorarvereinbarung möglich ist und der Planer ein für die Planungsaufgabe unauskömmliches Honorar akzeptiert. Zum anderen kann auch innerhalb des Anwendungsbereiches der HOAI aufgrund einer unerwartet langen Bauzeit oder der Notwendigkeit zur Überarbeitung der Planung bzw. erforderlicher Umplanungen/ Ergänzungen/ Konkretisierungen durch den Bauherrn ein Vergütungsrisiko im Sinne einer Kostenunterdeckung liegen. Weiterhin entstehen Risiken für die Planer, wenn sie als Kumulativleistungsträger (z. B. Generalplaner) eingesetzt werden. Ein Vergütungsrisiko kann sich daraus ergeben, dass das Honorar geringer ausfällt, als die Summe der Honorare für die vom Kumulativleistungsträger beauftragten Subplaner.

Die Haftungsrisiken ergeben sich für den Planer vornehmlich aus Lücken oder Widersprüchen seiner Planung sowie aus fehlender Koordination der Architektur bzw. Objektplanung mit den übrigen Gewerken. Soweit in derartigen Fällen die Haftung des Planers nicht mit dem Argument entfällt, die durch die Korrektur der Planung erforderlichen Maßnahmen stellten Sowieso-Kosten dar, hat der Planer – unbeschadet der Pflicht des Bauherrn zur Darlegung und zum Beweis entsprechender Sachverhalte – für Versäumnisse in diesem Bereich einzustehen. Dies kann zu erheblichen Haftungssummen führen.

2.5 Zwischenfazit

Die beim Bauprojekt anzutreffenden wesentlichen Risiken für die Beteiligten sind:

- Die Risiken des Bauherrn, die durch Umstände aus seinem eigenen Risikobereich (z. B. Baugrund, Leistungsänderungen, Verzögerungen bei der Genehmigung, Einstehen für die Erfüllungsgehilfen des Bauherrn) ausgelöst wurden. Diese Risiken können zu einer Verlängerung und Verteuerung des Bauvorhabens durch Nachträge führen.
- Die Risiken des Werkunternehmers, den Auftrag auf Basis einer unauskömmlichen Kalkulation ausführen zu müssen, verbunden mit der „Chance" durch Nachträge zumindest kostendeckend abzuschließen.
- Die Risiken der Planer, wie Vergütungs- und Haftungsrisiken wegen fehlerhafter Planung und/oder Koordination des Bauvorhabens.

Die vorstehenden Ausführungen zeichnen notwendigerweise ein Schwarz-Weiß-Bild. Insbesondere soll nicht der Eindruck entstehen, Werkunternehmer seien stets darauf aus, ein Bauvorhaben durch Nachträge und durch die Suche nach Mängeln der Planung zu ihrem Vorteil auszunutzen. Selbstverständlich sind grundsätzlich alle Beteiligten bestrebt, ein Bauvorhaben störungsfrei und in optimaler Weise umzusetzen, weil Auseinandersetzungen stets unerfreulich sind und selten zu dem gewünschten Erfolg führen. Gleichwohl handelt es sich bei den vorstehend skizzierten Einflüssen und Umständen um die typischen Risiken, denen sich die Beteiligten eines Bauvorhabens ausgesetzt sehen.

Diese als unbefriedigend empfundene Situation des wechselseitigen Auslotens von Schwachstellen in den Positionen des anderen Vertragspartners statt einer Kooperation im Sinne von *„wir bauen ein Haus"* war Grundlage für die Entwicklung verschiedener Modelle. Diesen Modellen ist immanent, dass hierdurch die vorbeschriebenen Bauherrn- und Werkunternehmerrisiken vermieden werden sollen. Ziel ist, die mit der Realisierung des Projekts erwarteten Qualitätsstandards innerhalb des Rahmens der geplanten Kosten und Termine für den Bauherrn zu realisieren und gleichzeitig dem Werkunternehmer zu ermöglichen, seinen kalkulierten Gewinn zu erwirtschaften. So wird ein Planer oder Werkunternehmer, der mit üblicherweise in den Risikobereich des Bauherrn fallenden Risiken belastet wird, versuchen, diese entweder preislich zu berücksichtigen oder sie im Ergebnis auf den Bauherrn rückabzuwälzen, indem ein exzessives Nachtrags- und Behinderungsmanagement eingesetzt wird ([13], S. 592 f.; [14], [15]).

Nachstehend, insbesondere in den Kap. 3 und 4, wird näher darauf eingegangen, inwieweit eine derartige Risikoverlagerung aus rechtlicher und technisch-wirtschaftlicher Sicht möglich bzw. ob und in welchem Umfang sie im Sinne eines Ursache-Wirkung-Effekts sinnvoll ist.

Analyse der Vergabemodelle

In der Vergangenheit haben sich verschiedene tradierte Vergabemodelle (z. B. Einzelvergabe, GU-Vergabe) etabliert. Inhaltlich unterscheiden sich die Modelle danach, ob der Werkunternehmer alle oder einen Teil der Bauleistungen erbringt, in welchem Umfang er seine Leistungen an andere Unternehmen weitervergibt und inwieweit er Planungsleistungen übernimmt. Diese Modelle dienen dem Ziel, die vorstehend beschriebenen Risiken besser beherrschbar zu machen, gleichzeitig jedoch dem Bauherrn die Flexibilität und Möglichkeit des Nachsteuerns zu geben, wenn sich ihm zuzuordnende Risiken realisieren.

In den angelsächsischen Ländern wurden seit den 70er Jahren des vergangenen Jahrhunderts angesichts immer heftiger werdender Streitigkeiten zwischen Bauherrn und Auftragnehmern über Kostensteigerungen und Terminverzüge insbesondere bei großen Bauvorhaben neue Varianten der Vergabe diskutiert und erprobt. Auch in Deutschland werden diese Modelle zunehmend seit dem Beginn des neuen Jahrtausends diskutiert und – wenn auch zögerlich – eingesetzt.

In den USA und England haben vor allem Construction Management-Modelle an Bedeutung gewonnen. In Deutschland stehen die Stichwörter *„Partnering"* und *„Garantierter Maximalpreis Vertrag"* im Vordergrund. In der Praxis haben insbesondere große Bauunternehmen, die üblicherweise als Generalunternehmer auftreten, entsprechende Partnering-Modelle entwickelt und sind bestrebt, diese im Markt zu etablieren. Ziel dieser Partnering-Modelle ist, die zum Teil als völlig unbefriedigend angesehene Situation der Bauindustrie zu verbessern ([14]).

Nachstehend werden kurz die verschiedenen Vergabemodelle und ihre jeweiligen Vorteile und Nachteile erläutert.

© Springer Fachmedien Wiesbaden GmbH 2016
V. Agthe et al., *Intelligente Vergabestrategien bei Großprojekten*,
essentials, DOI 10.1007/978-3-658-16153-8_3

3.1 Fachgewerke, Fachlose und Pakete

Vergabemodelle verfolgen keinen Selbstzweck, sondern haben zum Ziel, die zu verwirklichende Bauaufgabe sinnvoll zu strukturieren und die ineinander greifenden Gewerke bestmöglich zu koordinieren.

Unter einem Gewerk versteht man handwerkliche und bautechnische Leistungen, die fachspezifisch ausgerichtet sind und einem begrenzten Leistungsbereich zugeordnet werden können. Solche Fachgewerke benennt die VOB Teil C (*„Allgemeine Technische Vertragsbedingungen für Bauleistungen – ATV"*). Dort sind Fachgewerke (z. B. Mauerarbeiten) aufgeführt, die für die Durchführung eines Projektes notwendig sein können, jedoch nicht zwangsläufig sein müssen. In einem Fachlos werden jene Bauarbeiten zusammengefasst, die von einem baugewerblichen bzw. einem maschinen- oder elektrotechnischen Zweig ausgeführt werden. Ein Fachlos kann demnach aus mehreren technisch und wirtschaftlich sinnvoll zusammengeführten Gewerken (z. B. Maurer- und Stahlbetonarbeiten) bestehen. Mehrere Fachlose können dann ein Leistungs- bzw. Gewerkepaket (z. B. Tiefbauarbeiten, Rohbauarbeiten) bilden. Durch die Bündelung von Fachlosen in ein Gewerkepaket soll u. a. für den Bauherrn der Koordinierungsaufwand zwischen den Gewerken reduziert und eine einheitliche Gewährleistung für voneinander abhängige Fachlose ermöglicht werden. Die Zusammenfassung von Fachlosen zu Paketen kann dann zu wirtschaftlichen Nachteilen führen, wenn dadurch der Wettbewerb auf dem Anbietermarkt nicht mehr stattfindet. Aus den Schnittstellen zwischen den Gewerken können sich technische Risiken ergeben, die bereits in der Planungsphase entstehen können. An diesen Berührungspunkten in den Teilleistungen oder Teilprozessen sind gewerkeübergreifende Zusammenhänge zu berücksichtigen. Bei der Festlegung dieser Schnittstellen spielen in erster Linie technologisch bzw. funktional begründete Abhängigkeiten eine entscheidende Rolle.

Für ein Großbauprojekt im Hochbau können die Gewerke in technisch und wirtschaftlich sinnvolle Pakete (siehe Abb. 3.1) zusammengefasst werden.

In jedem Großbauprojekt gibt es Leistungen, die den Gewerken nicht direkt zugeordnet werden können oder theoretisch über einen Verursachungsschlüssel direkt zuordenbar sind, aber aus technischen und wirtschaftlichen Gründen gesondert erfasst und gebündelt werden. Als Merkmal wird dabei angesehen, dass sie übergeordnet für das Projekt erforderlich sind. Diese Leistungen bestehen im Wesentlichen aus der Baustelleneinrichtung, Baulogistik, Baustellenorganisation/ Bauleitung und der Technischen Bearbeitung (General Conditions) und gelten mit Bezug auf die VOB/C dem Grunde nach als Nebenleistung, die auch ohne

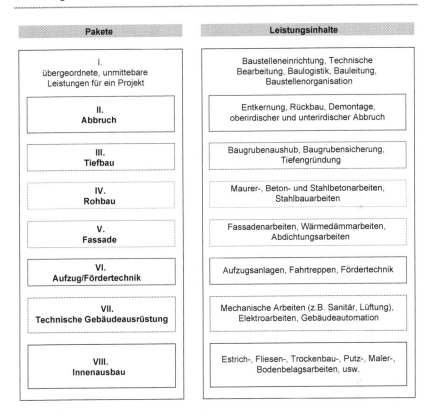

Abb. 3.1 Bündelung der Leistungen in Pakete

Erwähnung im Leistungsverzeichnis zur vertraglichen Leistung gehören. Die Zurechenbarkeit dieser indirekten Kosten auf die Pakete kann dann durch Hilfsgrößen (z. B. Zuschlagssätze) erfolgen.

Unter „**Baustelleneinrichtung**" wird die Gesamtheit der im Bereich einer Baustelle erforderlichen Produktions-, Lager- und Transportstätten verstanden, die zur Durchführung eines Projektes erforderlich sind. Einzubeziehen sind dazu alle dafür erforderlichen technischen Ausrüstungen. Die Hauptgruppen sind Großgeräte (z. B. Kran), Büro- und Sozialeinrichtungen, Verkehrsflächen, Transportwege, Medienversorgung und -entsorgung sowie Sicherheits- und Schutzeinrichtungen ([17]).

In Großprojekten ist die „**Baulogistik**" als eigenes Teilpaket zu betrachten. Sie beschreibt den gewerkeübergreifenden Produktionsfluss einer Baustelle. Zu den logistischen Gütern gehören z. B. Personal, Material, Bauhilfsstoffe, Geräte, Werkzeuge, Technische Medien, usw. Die Baulogistik wird häufig untergliedert in die Elemente Beschaffungslogistik (d. h. Koordination der Baustellenverkehre und Anlieferung), Produktionslogistik (d. h. Organisation der Anlieferung zum Einbauort) und Entsorgungslogistik (d. h. Organisation des Abtransports der anfallenden Abfallstoffe). Ziel ist, in allen Bauphasen für einen reibungs- und gefahrlosen Verkehrsfluss auf der Baustelle zu sorgen.

Unter der „**Baustellenorganisation**" ist im Wesentlichen das Baustellenpersonal, das dem Projekt direkt zugeordnet werden kann (z. B. Projekt-, Bauleiter), zu verstehen. Das Personal erbringt umfangreiche Koordinierungs-, Steuerungs- und Überwachungsleistungen.

Die „**Technische Bearbeitung**" schließlich beinhaltet im Wesentlichen die Werkstatt- und Montageplanung. In der VOB/C sind Schnittstellen beschrieben, welche Planungsleistungen die Auftraggeberseite und welche die Auftragnehmerseite zu erbringen haben. So hat der Auftragnehmer als Nebenleistung z. B. nach DIN 18379 Raumlufttechnische Anlagen auf Grundlage der Planungsunterlagen und Berechnungen des Auftraggebers die für die Ausführung erforderliche Werkstatt- und Montageplanung anzufertigen. Gegebenenfalls hat der Werkunternehmer – je nach Vergabeart – darüber hinaus weitere Planungsunterlagen, wie z. B. Ausführungspläne als Grundrisse, Strangschemata und Schnitte mit Dimensionsangaben für die raumlufttechnischen Anlagen zu erstellen. Diese Planungsleistungen sind nach VOB/C grundsätzlich _„Besondere Leistungen"_. Die Planungskoordination in der Schnittstelle obliegt dem Bauherrn, der unter anderem verantwortlich ist für das rechtzeitige zur Verfügung stellen der Planungsgrundlagen, das Einleiten der erforderlichen Prüfvorgänge, das Führen der Planungsbesprechungen sowie das Prüfen der Planungsergebnisse.

Den in Abb. 3.1 dargestellten Paketen können bestimmte Leistungen direkt zugeordnet werden. Hier geht es im Wesentlichen um die direkten Kosten bzw. Einzelkosten der Teilleistungen (siehe Abschn. 2.3).

Das Paket „**Abbruch**" setzt sich in der Regel zusammen aus den oberirdischen und unterirdischen Demontage-, Rückbau- und Abbrucharbeiten. Das Paket „**Tiefbau**" umfasst den Aushub der Baugrube (z. B. Erdarbeiten), die Baugrubensicherung (z. B. Verbauarbeiten) und gegebenenfalls die Tiefengründung (z. B. Bohrpfahlarbeiten). Das Paket „**Rohbau**" enthält im Wesentlichen die Beton-/Stahlbeton-, Mauer- und Stahlbauarbeiten. Gegebenenfalls sind dort auch die Abdichtungsarbeiten für die Untergeschosse und das Dach sowie Klempnerarbeiten mit aufzunehmen. Im Paket „*Fassade*" sind die raumausbildenden Konstruktionen aus Stahl, Aluminium und Glas (z. B. Pfosten-Riegel-Fassaden, Loch- und Bandfassaden) und gegebenenfalls die Wärmedämm- und Abdichtungsarbeiten an der Gebäudehülle enthalten. Das Paket **„Aufzug/Fördertechnik"** wird aufgrund seiner spezifischen Anforderungen meist separat von dem Paket **„Technische Gebäudeausrüstung (TGA)"** vergeben. Die TGA ihrerseits setzt sich in der Regel aus mehreren Gewerken zusammen. Dabei lassen sich die Gewerke grundsätzlich in die Anlagepakete „*Mechanik*" (z. B. Sanitär, Sprinkler, Heizung/Kälte, Lüftung) und „*Elektro*" (z. B. Stark- und Schwachstrom) unterteilen. Die Gebäudeautomation bzw. zentrale Leittechnik wird dabei häufig aufgrund der Komplexität als eigenständiges Gewerk behandelt. Das betrifft bei Großprojekten in der Regel auch die Brandmeldeanlage und die Netzersatzanlage zur Notstromerzeugung. Das Paket **„Innenausbau"** schließlich umfasst die grundsätzlichen Ausbauarbeiten, die – je nach Projektanforderung – unterschiedlich/ungleichartig und vielfältig sein können. Dabei kann differenziert werden zwischen „*Nassgewerken*" (z. B. Estrich, Fliesen, Naturstein, Putz) und „*Trockengewerken*" (z. B. Trockenbau, Parkett, Bodenbelag, Tischler).

3.2 Einzelvergabe

Die klassische Art der Vergabe der **Fachgewerke und -lose** ist die Einzelvergabe mit Einheitspreisabrede. Beim Einheitspreisvertrag wird die geschuldete Vergütung aus den tatsächlich erbrachten Leistungen und den vereinbarten Einheitspreisen errechnet. Der Einheitspreis wird für technisch und wirtschaftlich zusammengehörende Teilleistungen vereinbart. Die Gesamtleistung ist in sprachlich formulierte Teilleistungen in Form des Leistungsverzeichnisses untergliedert. Im Leistungsverzeichnis sind die Teilleistungen nach Positionen (Ordnungszahlen) gegliedert und beschrieben. Zugleich sind die einzelnen Positionen mit Vordersatz- bzw. Massen-/Mengenangaben nach Maß, Gewicht und Stückzahl versehen. Für jede Teilleistung ist ein Einheitspreis vereinbart. Aus der Multiplikation von Einheitspreis und Mengenansatz errechnet sich sodann der jeweilige Positionspreis und aus der Addition der einzelnen Positionspreise ergibt sich die (vorläufige) Gesamtvergütung.

Beim Einheitspreisvertrag handelt es sich nach wie vor um den häufigsten Bauvertragstyp. Für öffentliche Aufträge sieht § 5 Abs. 1a VOB/A sogar vor, dass

Bauleistungen grundsätzlich zu Einheitspreisen zu vergeben sind. Vergleichbar formuliert § 2 Abs. 2 VOB/B, dass sich die Vergütung nach den vertraglichen Einheitspreisen berechnet, wenn keine andere Berechnungsart vereinbart ist.

Der Einheitspreisvertrag kann als diejenige Vergabemethode beschrieben werden, bei der die einzelnen, vom Werkunternehmer zu erbringenden Leistungen am detailliertesten beschrieben sind, eben bis hinunter auf die Ebenen der die „Einheiten" bildenden Leistungen, für die vertraglich bindende Preise vereinbart sind. Da weiterhin die Leistungen im Wege des Aufmaßes abzurechnen sind, ergibt sich zum Schluss des Bauvorhabens ein exaktes und somit faires Bild der erbrachten und zu vergütenden Leistungen. Insoweit ergibt sich der Vorteil des Einheitspreisvertrages aus seiner Anpassungsfähigkeit an die tatsächliche Entwicklung der Bauausführung. Darüber hinaus bietet § 2 Abs. 3 VOB/B ein Regulativ, wenn sich die ursprünglich angenommenen Mengen um mehr als 10 % erhöhen oder vermindern. Da sich weiterhin das vom Werkunternehmer geschuldete Bausoll auf die in der Leistungsbeschreibung detailliert benannten Einheiten beschränkt, führen geänderte oder zusätzliche Leistungen in der Regel zu einem Anspruch auf Vergütungsanpassung.

Dieses Vergabemodell ordnet alle vorbeschriebenen Risiken des Bauvorhabens dem Bauherrn zu. Richtig ist zwar, dass eine konkrete Abrechnung nach Aufmaß auch für den Bauherrn vorteilhaft sein kann, da der Werkunternehmer in seine Preise keine oder nur geringe Risikozuschläge einpreisen muss. Jedoch ist dieses Mengenrisiko für den Werkunternehmer sehr gering, weil er für die von ihm ausgeführten Leistungen vollständig bezahlt wird. Darüber hinaus kann der Werkunternehmer einen Anspruch auf Anpassung der Vergütung haben, wenn der Toleranzrahmen von 10 % des ausgeschriebenen Vordersatzes über- oder unterschritten wird.

Somit bleibt beim Einheitspreisvertrag für den Bauherrn als einzige Stellschraube der Einheitspreis selbst, der für sich genommen ein „Minipauschalpreis" für die fragliche Einheit ist ([9], S. 53). Der Werkunternehmer muss für jede fragliche Einheit kalkulieren, welchen Aufwand in Bezug auf Lohn-, Material-, Geräte- und sonstige Kosten er (voraussichtlich) haben wird. Er ist grundsätzlich an diese Kalkulation gebunden.

Der Einheitspreisvertrag geht meist einher mit der Einzelvergabe von Gewerken oder der Vergabe von Paketen (Losen), als Zusammenfassung mehrerer Gewerke. Dabei sollten die Pakete einen engen fachlichen bzw. funktionalen Zusammenhang haben.

Diese Vergabeart hat den Nachteil, dass der Bauherr Risiken in Bezug auf Qualität und Klarheit des LV sowie die Schnittstellenrisiken zwischen den Gewerken trägt und sich sein Koordinierungsaufwand entsprechend erhöht.

Darüber hinaus erfordert die Erstellung von Leistungsverzeichnissen in der Regel die vorige Ausarbeitung der Ausführungsplanung und der darauf basierenden Mengenermittlungen und bringt damit eine längere Projektdauer mit sich. Diese vom Bauherrn als unbefriedigend empfundene Situation führte frühzeitig zu Überlegungen, wie einerseits durch andere Vergabemodelle eine geänderte Risikoverteilung erreicht und gleichzeitig der bei Werkunternehmern vorhandene Sachverstand genutzt werden kann, um Bauprojekte termin-und kostenmäßig zu optimieren.

3.3 Generalunternehmer-Vergabe (GU)

Um die vorstehend genannten Nachteile der Einzelvergabe zu vermeiden, wählen Bauherrn seit langem den Einsatz von *„Kumulativleistungsträgern"* ([18], S. 585 f.). Darüber hinaus machte der Abbau der internen Projektmanagementkapazitäten bei vielen Bauherren aus der Immobilienwirtschaft den Einkauf von externem Know-how erforderlich. Diese Kapazitäten soll der Kumulativleistungsträger bereit stellen.

Die am häufigsten anzutreffende Einsatzart ist der Generalunternehmer (GU). Der GU ist dadurch gekennzeichnet, dass er sämtliche zu einem Bauvorhaben gehörigen Leistungen als *„schlüsselfertige Leistung"* erbringt. Schlüsselfertig bedeutet wortbildlich, dass der Bauherr – nach Abschluss der Leistungen – den Schlüssel durch den GU überreicht bekommt. Der GU ist damit im Verhältnis zum Bauherrn Alleinunternehmer im Sinne eines *„One-Stop-Shop"* ([19], Rn. 11 ff.). Der GU erbringt dann auch die Gesamtkoordination aller am Bau Beteiligten. Wirtschaftliche Nebeneffekte für den Bauherrn sind ein einheitlicher Gewährleistungszeitraum und eine Gesamthaftung und -bürgschaft für alle beauftragten Leistungen.

In der Praxis sind – je nach Verpflichtung bezüglich der Planungsleistungen (z. B. Ausführungsplanung, Werkstatt- und Montageplanung) – unterschiedliche GU-Einsatzformen anzutreffen. Vorteile der Übertragung von Planungsleistungen an den GU sehen viele Bauherren im Entfall der risikoträchtigen Schnittstelle zwischen Planung und Bauausführung.

Meist geht die Beauftragung eines GU einher mit der Vereinbarung einer Pauschalvergütung für die zu erbringenden Leistungen. Durch die Vereinbarung der schlüsselfertigen Herstellung wird die Pauschalierung der Bauleistungen besonders betont.

Es ist ein weit verbreiteter Irrtum, dass ein Bauherr im Fall der Beauftragung eines GU mit Vereinbarung eines Pauschalfestpreises sowie der Vereinbarung der Erbringung einer schlüsselfertigen Leistung, am Ende garniert mit einer *„Komplettheitsklausel"*, von allen Termin- und Kostenrisiken, insbesondere dem Risiko von Nachträgen, befreit wird. Entscheidend ist nicht – allein – die Formulierung im Vertrag, sondern die Gesamtbetrachtung aller vertraglichen Regelungen, in denen das versprochene Werk inhaltlich beschrieben wird. Wesentlich ist insbesondere die Leistungsbeschreibung.

Soweit die Leistungsbeschreibung unvollständig ist, ist der GU gleichwohl verpflichtet, alle Leistungen zu erbringen, die für den vertraglich vorausgesetzten oder gewöhnlichen Gebrauch erforderlich sind. Mit anderen Worten schuldet der GU ein funktionstaugliches und zweckentsprechendes Werk. Von dieser Leistungsseite unterschieden werden muss jedoch die Preisseite, auf der sich entscheidet, welche Vergütung der GU für die erbrachten Leistungen erhält. Soweit er im Hinblick auf seine Verpflichtung zur Herstellung eines vertragsgemäßen, funktionstauglichen, zweckentsprechenden und mangelfreien Werkes mehr oder andere Leistungen erbringen musste, als diese im Vertrag, insbesondere der Leistungsbeschreibung, enthalten sind, hat er Anspruch auf eine gesonderte Vergütung ([20]).

Ausschlaggebend für die Frage, ob und wann Leistungs- und Preisseite in Einklang stehen, ist somit stets, wie die vom GU geschuldete Leistung (in der Leistungsbeschreibung) beschrieben wurde. Insoweit kann unterschieden werden zwischen Werkverträgen mit detaillierter Leistungsbeschreibung, Werkverträgen, bei denen die Leistungen teils detailliert, teils pauschal beschrieben sind, und Werkverträgen über komplette Leistungsbereiche oder Werkverträgen für die schlüsselfertige Herstellung eines Bauwerks mit – weitgehend – globaler Leistungsbeschreibung ([9], S. 5).

Beim GU-Vertrag mit detaillierter Leistungsbeschreibung wird die Gesamtleistung in Teilleistungen „zerlegt" und die vom Bauherrn geforderte Leistung in ihren Details beschrieben. Das Bausoll beschränkt sich auf die detailliert beschriebenen Leistungen. Soweit diese Leistungen mit einer Pauschalvergütung abgegolten werden, hat dies zum Zweck, das beim Einheitspreisvertrag erforderliche Aufmaß zu vermeiden und das Mengenrisiko dergestalt auf die Vertragspartner zu verteilen, dass der Bauherr das Risiko von Mengenunterschreitungen, der GU das Risiko von Mengenüberschreitungen im Verhältnis zu den im Vertrag angenommenen Mengen trägt. Es geht hier also um die Pauschalierung des Massen-/Mengenrisikos. Daneben kann die Pauschalierung aber auch Art und Gegenstand der zu erbringenden Leistungen betreffen. Dies sind die Fälle der „globalen" Leistungsbeschreibung. Bei einer solchen steht das Leistungsziel im Fokus der Vereinbarungen, nicht dagegen die Art und Weise, wie dieses Ziel erreicht wird. Klassische Fälle sind Leistungen, bei denen es dem Bauherrn gleichgültig ist, wie diese vom GU erbracht werden. Insoweit ist es Sache des GU zu ermitteln und zu entscheiden, welche Leistungen zu erbringen sind um das Leistungsziel zu erreichen. Da insoweit die Leistungsbeschreibung vervollständigungsbedürftig ist und der GU dieses Risiko durch Abschluss des Vertrages eingeht, schuldet er zu dem vereinbarten Pauschalpreis alle Leistungen, die zur Herstellung des vertragsgerechten und mangelfreien sowie entsprechend der vereinbarten Zielbeschreibung funktionstauglichen Werkes erforderlich sind.

Die Leistungspauschalierung und mithin die globale Leistungsbeschreibung kommt in vielen Schattierungen vor. Meist beinhaltet die Leistungsbeschreibung sowohl Elemente einer detaillierten als auch Elemente einer globalen Leistungsbeschreibung. Insbesondere aus diesem Umstand resultieren zahlreiche Streitigkeiten zwischen Bauherrn und GU über den Abgeltungsumfang der als Pauschalpreis vereinbarten Vergütung. Bauherrn versuchen, diesen Streit durch die Vereinbarung von Komplettheitsklauseln zu umgehen. Derartige Klauseln dienen dazu, Lücken einer unvollständigen Leistungsbeschreibung zu schließen. Die vertragliche Leistung, die durch den vereinbarten Preis abgegolten ist, soll durch die Komplettheitsklausel auf all diejenigen Teilleistungen erweitert werden, die in der Leistungsbeschreibung nicht erwähnt, aber erforderlich sind, um den vertraglichen Leistungserfolg herbeizuführen ([21], § 2 Rn. 202).

Durch Komplettheitsklauseln werden bei einem Detail-Pauschalvertrag Leistungsverschiebungen vom Bauherrn zum GU vorgenommen. Dieser muss beispielsweise im Fall von Lücken Leistungen erbringen und die Leistungsbeschreibung ergänzen, um sodann die betreffenden Leistungen ausführen zu können. Insoweit werden Komplettheitsklauseln unter AGB-rechtlichen Gesichtspunkten oftmals als unangemessene Benachteiligung des GU unwirksam sein ([21], § 4 Rn. 99; [22], Rn. 480). Anders kann dies in Fällen sein, in denen eine derartige Leistungsverschiebung nicht stattfindet, weil es sich entweder um Leistungsteile handelt, die in der Leistungsbeschreibung global beschrieben wurden, oder weil der GU die Lückenhaftigkeit erkennbar akzeptiert und in seine Risikosphäre übernommen hat. Hiervon wird auszugehen sein, wenn der GU selbst die Ausführungsplanung erstellt und aus ihr heraus eine detaillierte Leistungsbeschreibung entwickelt. Gleiches gilt im Falle der Verpflichtung zur schlüsselfertigen Errichtung eines Bauvorhabens bei erkennbar unvollständiger Leistungsbeschreibung ([9], S. 78 f.).

Neben der vorstehend genannten Unsicherheit, durch die Vereinbarung eines Pauschalpreises Kosten- und Terminsicherheit zu erreichen, ergeben sich durch die Einschaltung eines GU weitere Risiken für den Bauherrn. Da der GU zu einem frühen Zeitpunkt eingeschaltet und mit der Erbringung aller Leistungen beauftragt wird, bedarf es frühzeitig einer hinreichend präzisen Beschreibung aller vom Bauherrn erwarteter Leistungen. Zwar kann er teilweise das Risiko von Lücken und Unvollständigkeiten durch eine globale Leistungsbeschreibung mindern. In diesen Fällen hat er jedoch keinen Anspruch auf eine besondere Qualität, sondern lediglich auf die Herbeiführung einer vertragsgerechten, funktionsbereiten und mangelfreien Leistung. Das Leistungsbestimmungsrecht über die Art und Weise der Leistungserbringung liegt in diesem Fall beim GU. Soweit die vom GU geplante Leistung vom Bauherrn nicht gewünscht wird, ist bei Erfüllung der vereinbarten Funktion grundsätzlich eine Mehr- und Minderkostenbetrachtung durchzuführen.

Darüber hinaus ist der GU bis zur Abnahme grundsätzlich „Herr der Baustelle", da erst mit Abnahme das Bauvorhaben auf den Bauherrn (rechtlich und physisch) übergeht. Der GU hat dementsprechend eine Vielzahl von Möglichkeiten, seinen Bauablauf selbst zu bestimmen und im Fall von Behinderungen dem Bauherrn plausibel darzulegen, dass und warum sich durch eingetretene Störungen die Bauzeit verschiebt. Mit der Bauzeit können – da diese kostenrelevant ist – erhebliche finanzielle Ansprüche wegen Bauzeitverlängerung einhergehen.

Schließlich gilt auch bei der Generalunternehmervergabe: „There is no free lunch". Die zuvor genannten Risikofaktoren (z. B. Mengen, Schnittstellen zwischen den Gewerken, globale Leistungsbeschreibung) preist der GU in der Regel in sein Angebot ein.

Somit ergibt sich als Fazit, dass GU-Vergaben für den Bauherrn vorteilhaft sein können, da seine Koordinations- und Überwachungsaufgaben durch die Beauftragung eines GU verringert und entsprechende Risiken teilweise auf den GU übertragen werden können. Weiterhin werden unter Umständen Mengenrisiken durch die Pauschalierung der Vergütung so verteilt, dass der Bauherr bei Vertragsschluss grundsätzlich die Höhe der Vergütung abschätzen kann und er schon zu Baubeginn insoweit eine gesicherte Grundlage für die Finanzierung des Bauvorhabens und die Wirtschaftlichkeitsberechnung erhält ([21], § 10, Rn. 22; [9], S. 1). Darüber hinaus geht für global beschriebene Leistungsteile das Risiko, eine vollständige und vertragsgerechte, insbesondere die vereinbarten Beschaffenheiten aufweisende Leistung zur vereinbarten (fixen) Vergütung erbringen zu müssen, auf den GU über.

Andererseits übernimmt der GU bei weitem nicht alle relevanten Risiken eines Bauvorhabens. Insbesondere die Tatsache, dass sich die Pauschalvergütung auf das vereinbarte Bausoll beschränkt, lässt viel Spielraum für eine „Öffnung" der vereinbarten Termine und Kosten. Soweit nicht ausdrücklich anders vereinbart, schuldet der Bauherr auch im Fall der GU-Beauftragung die vollständige und koordinierte Gesamtplanung. Dementsprechend sollte zur Risikominimierung vor Beauftragung des GU die Planung vollständig fertiggestellt und abgeschlossen sein. Defizite in diesem Bereich wirken sich – je nachdem in welchen Gewerken sie auftreten – besonders intensiv aus. Mangels Steuerungsmöglichkeiten sieht der Bauherr sich in derartigen Fällen oft einer Vielzahl von Nachträgen ausgesetzt, die er im Zweifel nicht oder nur in geringem Maß abwehren kann.

Da gerade heutzutage Bauvorhaben unter erheblichem Zeitdruck und engen Budgetvorgaben nebst Forderungen nach Flexibilität bei der Planung, insbesondere der Gewerke der Technischen Gebäudeausrüstung und des Innenausbaus (z. B. Mieterausbau) stehen, ist die GU-Vergabe aufgrund der beschriebenen fehlenden Flexibilität oftmals nicht die geeignete Vergabeart.

3.4 Garantierter Maximalpreis (GMP)

Der in den USA Anfang der 1980er Jahre entwickelte sogenannte *„Guaranteed Maximum Price"* bzw. *„garantierter Maximalpreis"* (GMP) kommt auch in Deutschland in unterschiedlichen Ausprägungen zur Anwendung. Die deutschen GMP-Modelle sind im Wesentlichen aus den traditionellen GU-Modellen fortentwickelt worden.

Eine eindeutige Begriffsdefinition für den GMP existiert nicht. Aus den in der Literatur aufgestellten Definitionen können lediglich unterschiedliche Auffassungen, wie z. B. *„frühzeitige Sicherheit"* ([23], S. 1), *„Garantie, dass der Maximalpreis nicht überschritten wird"* ([24], S. 88 ff.), *„Kostenvoranschlag unter ausdrücklicher Gewährleistung seiner Richtigkeit"* ([15], § 1170a (1)) abgeleitet werden.

Der Begriff des GMP ist in zweierlei Hinsicht irreführend. Zum einen handelt es sich lediglich um eine Preisabrede, bei der die Parteien die Aufteilung von Unterschreitungen des vereinbarten GMP vereinbaren ([13], S. 595), nicht jedoch um eine Preisgarantie, die unabhängig davon ist, ob – auch unerwartet – kostenerhöhende Umstände auftreten. Zum anderen wird durch die Deckelung der Vergütung nur die vertraglich vereinbarte Leistung (Bausoll) abgegolten. Die Abgrenzung zwischen Bausoll/Leistungsänderung/Zusatzleistung stellt sich somit beim GMP-Vertrag nicht anders als bei einer GU-Vergabe. Änderungen des Bausolls ziehen auch eine Änderung des GMP nach sich – oftmals ein Quell unerfreulicher Auseinandersetzungen auch bei einem GMP-Modell.

Die Vereinbarung eines GMP kann in unterschiedlichen Vertragskonstellationen erfolgen. Allgemein wird unterschieden zwischen einstufigen und zweistufigen GMP-Modellen. Beim einstufigen Modell wird der Werkunternehmer mit der Bauausführung beauftragt und hat zusätzlich zu den Generalunternehmerleistungen die Prüfung und Optimierung der Planung zu erbringen. Die Planung ist bei der Vergabe an den GMP-Partner relativ weit fortgeschritten. Beim zweistufigen Modell wird der GMP-Partner hingegen frühzeitig in die Planung einbezogen. Ziel dieses GMP-Modells ist zunächst die Aufteilung eines Bauvorhabens in mehrere Phasen. In der Regel wird das Projekt in die sogenannte Pre Construction-Phase (Phase 1) und die Construction-Phase (Phase 2) unterteilt. Dies hat zum Zweck, dass im Sinne eines partnerschaftlichen Vorgehens der später für die Ausführung vorgesehene Werkunternehmer bereits in der Phase 1 eingeschaltet wird, um durch Einbringung seines fachspezifischen Know-hows etwaige Planungsmängel zu heilen bzw. die Planung der Architekten und Ingenieure zu optimieren. Der GMP-Partner erstellt dafür teilweise Unterlagen selbst. Durch diese frühzeitige Einbindung soll eine verlässliche Grundlage für die Preisbildung der Leistungen der Phase 2 im Sinne eines Höchstpreises als GMP zu erarbeitet werden. Damit verbunden ist die Übernahme der weiteren Planung durch den GMP-Partner in der Phase 2 und der Verpflichtung zur schlüsselfertigen Realisierung des Bauvorhabens. Die kleinteiligen Leistungsphasen nach der HOAI oder die Projektstufen der AHO werden in diesem zweistufigen Modell überbrückt.

Der GMP wird in der Regel während oder mit Abschluss der Phase 1, also zu einem Zeitpunkt gebildet und benannt, zu dem Planungs- und Bausoll noch nicht vollständig feststehen. Das hieraus resultierende Risiko für den Werkunternehmer ist, den Leistungsumfang nicht exakt ermitteln zu können. Der GMP basiert folglich auf Preisermittlungsgrundlagen in Form einer (unvollständigen) Planung, einer verbalen (funktionalen) Leistungsbeschreibung und weiterer Vorgaben des Bauherrn.

Zentraler Gedanke des GMP ist, die Vorstellungen des Bauherrn in kostengünstiger Form umzusetzen ohne den Qualitätsanspruch des Bauherrn bzw. den von ihm vorgegebenen Qualitätsstandard zu verlassen. Durch Optimierungen soll eine „Win-Win-Situation" erreicht werden. Um dem Werkunternehmer zu ermöglichen, Einfluss auf die Unterschreitung des GMP zu nehmen, soll dieser möglichst frühzeitig mit seinem Know-how in das Projekt eingebunden werden. Gleichzeitig ist der Bauherr, um die Kostentransparenz aufseiten des Werkunternehmers zu gewährleisten, in die Vergaben der Bauleistungen an geeignete Nachunternehmer zu integrieren. Da die Nachunternehmerleistungen im Normalfall zwischen 60 und 80 % der Baukosten ausmachen, bietet die GMP-Vereinbarung einen hohen Anreiz für beide Parteien, diesen Kostenblock im Laufe der Bauausführung zu reduzieren und an den erzielten Einsparungen teilzuhaben. Der sich aus den Vergaben der Bauleistungen ergebende Gewinn/Erlös ist nach einem vertraglich festgelegten Schlüssel aufzuteilen. Einsparungen werden allgemein durch Vergabegewinne und Optimierungen erreicht. Optimierungen lassen dabei den GMP unangetastet, wohingegen bloße Leistungsminderungen zu einer Minderung des GMP führen. So ergeben sich für die Leistungsminderung rechnerisch keine Einsparungen und damit kein Bonus für den Werkunternehmer. Dies führt zur Problematik der Unterscheidung von qualitätsmindernden Leistungsreduzierungen und qualitätserhaltenden Optimierungen. Beim Aufteilungsschlüssel kann grundsätzlich unterschieden werden zwischen festen Aufteilungsverhältnissen, wie z. B. eine Verteilung von: Bauherr 60 %/Unternehmer 40 % der Kosteneinsparungen oder variable Aufteilungsverhältnisse, wie z. B., dass bei einer Kosteneinsparung von 5 bis 10 % der Bauherr und der Unternehmer je 50 % dieser Einsparungen erhalten und bei höheren Einsparungen ein für den GMP-Partner günstigeres prozentuales Verhältnis angewendet wird.

Vertragstechnisch handelt es sich bei einem GMP-Vertrag nicht um einen eigenständigen Vertragstyp. Bei genauer Betrachtung sind GMP-Modelle Selbstkostenerstattungsverträge mit folgenden Vergütungselementen:

- Direkte Kosten (diese beinhalten sämtliche Leistungen, die der GU nicht selber ausführt, sondern an seine Nachunternehmer weitervergibt)
- Baustellengemeinkosten (BGK)
- Allgemeine Geschäftskosten (AGK) sowie Wagnis und Gewinn (WuG)

Die BGK, AGK und WuG (siehe Abschn. 2.3) werden bei einer GMP-Vereinbarung in der Regel als „*General Conditions*" bezeichnet.

Bei der Kostenverfolgung ist dabei streng zwischen der Selbstkostenebene und der Vergütungsebene des Maximalpreises zu unterscheiden. Dem Werkunternehmer werden die direkten Kosten sowie die BGK vergütet. Dabei bietet es sich an, die BGK als Eigenleistung des GMP-Partners pauschal zu vereinbaren und abzurechnen. Die AGK sowie WuG werden dann über Zuschläge *(„fee")* vergütet. Hieraus resultiert dann die englische Bezeichnung der Selbstkostenerstattung als *„cost plus fee".* Zuschläge für Leistungsänderungen des Bauherrn *(„owners reserve")* und Unvorhergesehenes *(„contigency fee"),* wie teilweise in den USA üblich, haben sich in der deutschen Praxis nur sehr selten durchgesetzt.

Im Ergebnis übernimmt der Bauherr auf der Ebene der Selbstkostenerstattung so lange alle typischen Risiken aus dem Nachunternehmerbereich (z. B.

Schlechtleistung oder Insolvenz), wie der GMP („Deckel") nicht überschritten wird. Erst wenn der Deckel überschritten wird, greift die Maximalpreisabrede. Allerdings ist bei jedem vergütungsrelevanten Sachverhalt (Nachtrag) zu entscheiden, ob dessen Folgen nur die Selbstkostenerstattungsebene oder auch die Vergütungsebene des Maximalpreises betreffen, weil sich das Leistungssoll verändert hat.

Für den Bauherrn beinhaltet die Vereinbarung eines Höchstpreises das Risiko eines überhöhten bzw. mehr als auskömmlichen Maximalpreises. Die fehlende Angemessenheit des vom Bauherrn zu zahlenden Preises für die erbrachte Leistung geht dann zulasten des Bauherrn.

Der Nachteil des Bauherrn ist gleichzeitig ein Vorteil des GMP-Partners, da er sich frühzeitig die Einbindung in das Projekt und die Ausrichtung des Bauvorhabens auf seine Bauverfahrenstechniken und Produktionsmethoden sichert.

Die Vertragsgestaltung beim GMP-Vertrag ist komplex und kann im Ergebnis Anlass für Streit bieten. Dies betrifft nicht nur die Regelungen über die gemeinsamen Nachunternehmer-Vergaben nach *„open-book-Verfahren"* bzw. *„gläsernen Taschen"*, bei denen die Frage der Einflussnahme in das Nachunternehmermanagement des Werkunternehmers und ihrer Grenzen aufseiten des Bauherrn vereinbart werden müssen. Auch die Abrechnung der Eigen- und Nachunternehmerleistungen kann erhebliches Streitpotenzial bergen, da der GMP-Partner im Hinblick auf die vereinbarte Selbstkostenerstattung bis zur Grenze des zugesagten Höchstpreises nicht den erforderlichen Anreiz haben wird, sich mit seinen Nachunternehmern auseinanderzusetzen.

Schließlich können sich, wie dargestellt, auch im GMP-Vertrag die Fragen nach geänderten oder zusätzlichen Leistungen und die daraus resultierende Veränderung des Bausolls einschließlich Auswirkungen auf die Bauzeit sowie Auswirkungen auf den vereinbarten GMP stellen.

Dies alles zeigt, dass auch GMP-Modelle für den Bauherrn mit Risiken verbunden sind und keinesfalls das *Maß der Dinge* für die Vertragsgestaltung bei großen und komplexen Bauvorhaben darstellen ([18], S. 585, 591).

3.5 Construction Management (CM)

Das Construction Management (CM) legt nicht ein besonderes Augenmerk auf die Abrechnung und Vergütung der vom Werkunternehmer zu erbringenden Leistungen. Es wird die Leistungsseite betrachtet, insbesondere was die frühzeitige Einbeziehung ausführungsbasierten Fachwissens und Know-hows in die Phase der Planung anbelangt.

Insoweit enthalten die vorbeschriebenen GMP-Modelle typischerweise Elemente des CM, selbst wenn dies nicht so bezeichnet wird. CM und GMP sind somit oftmals „*verflochtene*" Modelle, bei denen das eine das Schwergewicht auf die Leistungsseite (CM), das andere den Schwerpunkt auf die Abrechnungs- bzw. Vergütungsseite (GMP) legt ([26], S. 11). Insoweit unterteilt das CM-Modell in der Regel das Projekt ebenfalls in die Pre Construction-Phase (Phase 1) und die Construction-Phase (Phase 2).

Wenn von CM die Rede ist, sind zwei unterschiedliche Typen zu betrachten: „*CM at Agency*" und „*CM at Risk*". Im Falle des „*CM at Agency*" tritt das CM an die Seite des Bauherrn, allerdings nicht als Projektmanager im Sinne der Steuerung des Bauvorhabens, sondern dergestalt, dass Werkunternehmer mit bauspezifischem Fach-Know-how herangezogen werden, um frühzeitig die Planungs- und Bauabläufe in technisch-wirtschaftlicher Hinsicht zu optimieren ([18], S. 587). Hierdurch gewinnt der Bauherr im Ergebnis Projektmanagementkompetenz auf seiner Seite. Neben den Planern (Architekten und Ingenieure) wird ein weiterer Fachmann auf seiner Seite tätig, der die Planung, insbesondere die Leistungsbeschreibung im Hinblick auf die spätere Ausführung der Leistungen sowie gegebenenfalls im Hinblick auf die Wirtschaftlichkeit oder technische Ausführung optimiert, sozusagen die Sprache der späteren Werkunternehmer spricht und somit die zu erbringenden Bauleistungen antizipiert. Hierdurch wird in der Regel die Vertragsebene „*GU*" vermieden und die Bauleistungen können – meist in Gewerkepaketen – direkt an entsprechend leistungsfähige Werkunternehmer vergeben werden. Das Vertragsmodell des „*CM at Agency*" ist dadurch gekennzeichnet, dass das CM als „*Advisor*" tätig wird, mithin beratend auf der Ebene der Planer steht, während der Bauherr die Verträge mit den Werkunternehmern abschließt ([18], S. 588). Aus der Sicht der Projektmanager handelt das „*CM at Agency*" als Stabstelle des Bauherrn. Es gibt keinen Kumulativleistungsträger, sondern einzelne Ausführungspakete werden in Planung und Ausführung direkt vom Bauherrn beauftragt ([27]). Das CM begleitet dann das Projekt über alle Phasen und bringt sich mit einem im Verhältnis zum Leistungsbild der DVP/AHO ([28]) stark erweiterten Aufgabenspektrum ein, wie z. B. Integration von Logistikkonzepten und Dokumentenmanagementsystemen, Planungskoordination, Ausschreibung und Vergabe (HOAI, Leistungsphase 6 und 7) sowie Objekt- bzw. Bauüberwachung (HOAI, Leistungsphase 8).

Anders stellt sich die Situation beim sogenannten „*CM at Risk*" dar. In diesem Fall tritt das CM – je nach Art der Beauftragung „*auf dem Weg zum Generalübernehmer*" ([29], S. 78 f.) – zwischen den Bauherrn und die einzelnen Werkunternehmer. Die Verträge mit den Werkunternehmern werden vom CM im eigenen Namen, jedoch für Rechnung des Bauherrn abgeschlossen ([18], S. 588). Insoweit bestehen Ähnlichkeiten zwischen dem „*CM at Risk*" und den in Deutschland bekannten Baubetreuungsmodellen, bei denen vom Baubetreuer meist ebenfalls im eigenen Namen eine Geschäftsbesorgung für den Bauherrn erbracht wird. Dieses CM-Modell „*at Risk*" hat seinen Ursprung in den USA, wo öffentliche Auftraggeber grundsätzlich nicht berechtigt waren, eine Vielzahl von Verträgen zu halten. Es bedurfte daher der Zwischenschaltung eines Vertragspartners, der als alleiniger Auftragnehmer des öffentlichen Auftraggebers fungierte. Soweit das „*CM at Risk*" als reiner Geschäftsbesorger für den Bauherrn auftritt, vergibt er die restlichen Planungs- und Bauleistungen zwar im eigenen Namen, jedoch für Rechnung des Bauherrn. Dieser ist mithin verpflichtet, dem CM alle Kosten, die ihm im Zusammenhang mit der Beauftragung der einzelnen Werkunternehmer entstehen, zu erstatten. Darüber hinaus trägt der Bauherr das Insolvenzrisiko der Werkunternehmer. Im Ergebnis ist damit der Vorteil dieses Modells darauf beschränkt, frühzeitig einen mit spezifischem Fach-Know-how ausgestatteten CM zu beauftragen, der zudem die umfassende Koordination des Bauvorhabens im eigenen Namen durchführt. Hierdurch können etwaige Defizite in der Planungsphase gelöst und die Ausführungsphase optimiert werden ([13], S. 593). Allerdings wiegen diese Vorteile die Nachteile des Modells nicht auf, da auch die „*für Rechnung*"-Abrede im Ergebnis einen Selbstkostenerstattungsvertrag darstellt mit der Folge, dass das Risiko unkontrollierter Selbstkosten einschließlich der hierauf durch das CM berechneten Vergütung besteht (ebd.). Somit gehen Vergabemodelle in Form des „*CM at Risk*" meist einher mit speziellen Vergütungs- und Abrechnungsvereinbarungen in der Construction-Phase sowie einer Trennung bei der Beauftragung des CM mit Leistungen der Pre Construction-Phase und denjenigen der Construction-Phase. Die CM-Modelle dürfen nicht dahin gehend missverstanden werden, dass das CM möglichst ohne Preis- und Kompetenzwettbewerb den Bauherrn bindet und das Projekt für sich gewinnt ([14]). Die Beauftragung eines „*CM at Risk*" ist zunächst (als separater Vertrag) die Begleitung des Bauherrn in der Pre Construction-Phase mit dem Ziel der frühzeitigen Einbringung spezifischen Fertigungs-Know-hows durch einen produktionsorientierten Fachmann. Es wird erwartet, dass das CM in der Lage ist, etwaige Defizite der Objektplaner sowie der Fachingenieure in der Entwurfsphase zu korrigieren und die Planung im Hinblick auf die Baubarkeit und Wirtschaftlichkeit zu optimieren. Mit Abschluss der Pre Construction-Phase ist diese Leistung abgeschlossen. Jedoch können die vertraglichen Vereinbarungen vorsehen, dass das CM nach Abschluss der Pre Construction-Phase berechtigt ist, an dem Wettbewerb für die Vergabe der Planungs- und Bauleistungen für die Construction-Phase teilzunehmen.

    Die vertraglichen Vereinbarungen für die Construction-Phase variieren im Fall der Beauftragung eines „*CM at Risk*" wiederum. Eine einheitliche Vergabeform existiert insoweit nicht und es bedarf der jeweiligen Prüfung des konkreten Projekts, welche Art der Vergabe sich empfiehlt. Im Fall eines Selbstkostenerstattungsvertrages führt dies zu einer Vergabe der verbleibenden Planungs- und Bauleistungen im eigenen Namen des CM, aber auf Rechnung und damit auf Risiko des Bauherrn. Stattdessen kann die Vergabe der Planungs- und Bauleistungen als Pauschalvertrag an das CM im Sinne einer üblichen Generalunternehmervergabe erfolgen oder es kann ein GMP-Modell gewählt werden, wie vorstehend beschrieben.

3.6 Partnering

Ähnlich wie bereits früher in den USA dominierte im Deutschland der 90er Jahre aufgrund zurückgehender Nachfragen und beträchtlicher Überkapazitäten ein Preis- und Verdrängungswettbewerb in der Bauwirtschaft. Die strukturelle Krise führte zu einem erheblichen Anpassungsdruck. Zudem war die klassische Form der Bauabwicklung durch die strikte Trennung zwischen Planung und Bauausführung konfliktträchtig und kontraproduktiv. Kooperation wurde von den Vertragsparteien häufig lediglich als moralische Kategorie verstanden, nicht aber als rechtliche. Aus dem Kooperationsverhältnis ergeben sich Obliegenheiten und Pflichten. Meinungsverschiedenheiten sind durch Verhandlungen einer einvernehmlichen Beilegung zuzuführen ([30]). Deshalb hat die deutsche Bauindustrie – insoweit vergleichbar mit den CM-Modellen in den USA und England – vermehrt nach einer partnerschaftlichen Zusammenarbeit mit dem Bauherrn gesucht. Ziel ist, das Know-how und das Innovationspotenzial aller Projektbeteiligten gemeinsam zu bündeln und in das Projekt einzubringen.

Das Partnering wird als ein Managementansatz verstanden, der von zwei oder mehreren Organisationen angewendet wird, um durch die Maximierung der Effektivität der jeweiligen Ressourcen spezifische Geschäftsziele zu erreichen ([15]). Im internationalen Gebrauch ist Partnering ein Ansatz in der Projektorganisation, der auf Kooperation anstatt Konfrontation setzt ([31], S. 5; [32], S. 91 f.). Die Idee des Partnerings wurde in Deutschland vornehmlich unter der Federführung des Hauptverbandes der Deutschen Bauindustrie diskutiert und entwickelt. Weitere Rahmenbedingungen wurden mit dem *„Leitbild Bau"* der gemeinsamen Initiative der Deutschen Bauwirtschaft zur Zukunft des Planens und Bauens in Deutschland geschaffen. Diese Initiativen zeigen die hohe Bedeutung des Themas Partnering aufseiten der Planer und bauausführenden Unternehmen.

In partnerschaftlichen Modellen werden unterschiedliche Werkzeuge genannt, wie z. B. Value Engineering (Optimierungsprozess), Simultaneous Engineering

(Integration von Planungs- und Ausführungsprozess), gemeinsames Risikomanagement und Projektcontrolling. Typisch für Partnering-Modelle ist eine Transparenz der technischen, monetären und terminlichen Vorgänge.

Eine Vielzahl großer und mittelständischer Bauunternehmen hat sich in einem Arbeitskreis *„Partnerschaftsmodelle in der Bauwirtschaft"* zusammengeschlossen und vor diesem Hintergrund strategisch neu ausgerichtet. Die Bauunternehmen haben eigene partnering-basierte Geschäftsmodelle ausgearbeitet und am Markt angeboten ([33], S. 67 ff.).

Das HOCHTIEF-Geschäftsmodell *„PreFair"* entstand auf der Basis von Construction-Management-Modellen, mit denen Turner in den USA einen Großteil seiner Projekte bearbeitet. PreFair ist ein Zwei-Phasen-Modell, d.h. die vertragliche Regelung basiert auf einer Zwei-Phasen-Entscheidung. Die Partnerschaft zwischen Bauherrn, Planern und HOCHTIEF beginnt bereits in der Planungsphase. Vor Beginn der Pre Construction-Phase wird eine Honorierung vereinbart. Nach Abschluss der ersten Phase haben beide Parteien die Möglichkeit, sich gegen oder für eine weitere Zusammenarbeit zu entscheiden. Wird am Ende der Planungsphase die Zusammenarbeit beendet, erfolgt eine Trennung ohne rechtliche Konsequenzen. Im Falle einer gewünschten weiteren Zusammenarbeit erhält der Bauherr ein verbindliches Vertragsangebot, welches auf verschiedenen Vertragsarten (z. B. GMP-Vertrag, Pauschalpreisvertrag) basieren kann. Entscheidet sich der Bauherr für eine weitere Zusammenarbeit, so beginnt die Construction-Phase.

Im BILFINGER- Geschäftsmodell *„Gemeinsam Miteinander Partnerschaftlich (GMP)"* ist auch eine frühzeitige Zusammenarbeit aller Projektbeteiligten vorgesehen. Der Projektablauf wird in die fünf Phasen *„Entwicklung und Konzeption"*, *„Generalplanung"*, *„Beratung Planungsphase"*, *„Projektrealisierung"* und *„Betreiben"* gegliedert. Der Bauherr kann verschiedene Kombinationen der Projektphasen als Pakete auswählen und beauftragen. Als Mindestpaket ist *„Beratung Planungsphase"* und *„Projektrealisierung"* vorgesehen. Schrittweise ist eine Ausweitung bis zu den gesamten fünf Paketen möglich. Weiterhin beinhaltet das Modell die Vereinbarung eines GMP.

Die STRABAG SE/Züblin realisiert mit dem *„teamconcept"* partnerschaftliche Projekte. Ziel ist, ähnlich wie bei den zuvor genannten Modellen, die möglichst frühzeitige Beteiligung des Bauunternehmens am Projekt. Die Leistungen werden in abgeschlossene Bausteine untergliedert und den Phasen *„Projektierung"*, *„Planung"*, *„Ausführung"* und *„Nutzung"* zugeordnet. Der Bauherr kann je nach Bedarf einzelne Leistungen auswählen und diese beauftragen. Vor der Ausführungsphase wird ein verbindliches Angebot erstellt. Der Bauherr kann zwischen den Vertragsarten (z. B. Pauschalpreisvertrag, Cost plus fee-Vertrag, GMP-Vertrag) wählen.

Bei genauer Betrachtung beinhalten die verschiedenen Partnering-Modelle Bausteine der vorgenannten Beauftragungsformen (GU/CM/GMP), stellen jedoch keinen eigenständigen Vertragstypus dar.

3.7 Zwischenfazit

Es gibt viele Gründe dafür, dass vor allem bei komplexen Großbauprojekten die tradierten Vergabemodelle nicht zum gewünschten Erfolg führen und Bauvorhaben regelmäßig zu spät, zu teuer und qualitativ unter den vom Bauherrn vorgegebenen Erwartungen/Anforderungen fertiggestellt werden.

Es wäre sicherlich zu einfach, diese Folgen als das Ergebnis des Fehlverhaltes von Werkunternehmern und Planern oder der Disziplinlosigkeit von Bauherrn anzusehen. Oftmals sind es objektivierbare Kriterien, wie die hohe Komplexität des Bauprojekts, die Notwendigkeit zur Flexibilität bei der Planung infolge unterschiedlicher Nutzeranforderungen und die dem hohen Kosten- und daraus resultierenden Termindruck geschuldete Erstellung der Planung als baubegleitende Planung, die dazu führen, dass die bisherigen Vergabemodelle an ihre Grenzen stoßen, weil die Fixierung der Vergütungsseite sowie der Termine mangels hinreichender Definition der Leistungsseite schlicht noch nicht mit der erforderlichen Genauigkeit und Tiefenschärfe möglich ist.

Die vorstehende Darstellung hat die Funktionsweisen und die jeweiligen Vor- und Nachteile der verschiedenen Möglichkeiten, Leistungen zu vergeben bzw. den spezifischen Bausachverstand bereits in die Planungsphase einzubeziehen, aufgezeigt.

Bezogen auf die unterschiedlichen Besonderheiten verschiedener Bauprojekte wird deutlich, dass es nicht ein ideal-typisches Vergabemodell gibt. Für Projekte, wie z. B. London 2012 mit seiner extremen Komplexität und langen Bauzeit, war es augenscheinlich sinnvoll, das Gesamtvorhaben in 12.000 Einzelprojekte mit eigenen Teilbudgets, Contingencies und umfassender Steuerung aufzuteilen ([34]).

Möglicherweise wäre eine solche Herangehensweise auch für Milliardenprojekte wie Stuttgart 21 oder den Berliner Flughafen (BER) sinnvoll gewesen. Sicherlich gilt dies jedoch nicht für ein Produktions- oder Logistikgebäude mit eindeutigen und unkomplizierten Planungsvorgaben. Hier wird sich eine bewährte GU-Vergabe anbieten.

Wiederum anders ist die Situation bei einem technisch und architektonisch anspruchsvollen Verwaltungsgebäude oder einem Hochhaus mit vielfältigen Nutzeranforderungen. Für alle Projekte geht es darum, maßgeschneiderte Konzepte zu entwickeln. Dabei ist entscheidend, wie die einzelnen Elemente der verschiedenen Konzepte miteinander kombiniert und verknüpft werden. Ein CM at Risk-Konzept mit GMP-Vereinbarung kann im Einzelfall sinnvoll sein. Es kann sich aber auch anbieten, dieses mit Elementen aus dem GU-Modell zu kombinieren, um die Qualitäten, Kosten und Termine für den Bauherrn einerseits zu optimieren und andererseits vertragliche Risiken auf den „*Vertragspartner-Bau*" zu übertragen. Zutreffend führt Hawkins/Thomsen hierzu aus ([26], S. 10):

CM at Risk contracts, (…) GMP (…) and Fast-Track Schedules are a synergetic combination with a potential to deliver design and construction faster, better and for less money than other common project delivery strategies. But the process is often misunderstood and mismanaged. Like so many things its flexibility and control mechanism make it susceptible to misstep. It's like flying a jet. A good pilot will get there faster. A bad one will make a big hole in the ground.

Umsetzung erfolgreicher Vergabestrategien

4

4.1 Marktsituation

Die Bauwirtschaft ist nach wie vor ein bedeutender Wirtschaftszweig in Deutschland. Nach Krisen und Marktbereinigung in den letzten Jahrzehnten ist heute, begünstigt von niedrigen Zinsen, neuen Finanzierungsformen und einem Run auf Immobilien durch massiven Zufluss von internationalem Kapital in die deutschen Immobilienmärkte, ein neuer Bauboom feststellbar.

Die Bauunternehmen verfügten zu Beginn des Jahres 2016 über Rekordauftragsbestände. Inzwischen stößt der für die Auftragslage erforderliche Beschäftigungsaufbau allerdings an Grenzen. Die Arbeitskräftereserven sind weitgehend ausgeschöpft und wirken sich auf die **„Angebotsseite"** (Bauunternehmen, Architekten, Ingenieure, usw.) aus ([35]).

Dies hat für die **„Nachfrageseite"** (Bauherr) zur Folge, dass Werkunternehmer heute – anders als möglicherweise zu Zeiten der Krisen – nicht mehr bereit sind, Risiken der Bauvorhaben (siehe Kap. 2) im Rahmen der vereinbarten Vergütung zu übernehmen. Darüber hinaus hat sich mittlerweile auch hierzulande die Erkenntnis durchgesetzt, dass im Umfang der Risikoüberwälzung auch das Risiko für den Bauherrn steigt, mit Behinderungsanzeigen und Nachträgen konfrontiert zu werden. Erschwerend kommt hinzu, dass Bauvorhaben zunehmend komplexer werden, jedenfalls was die Planung und Bauausführung in zeitlicher Hinsicht, die Umsetzung von Nutzeranforderungen und die Technik, insbesondere die Technische Gebäudeausrüstung, anbelangt.

Vor diesem Hintergrund sind Bauherren gefordert, Vergabestrategien zu entwickeln, die einerseits für den Werkunternehmer eine angemessene und für ihn akzeptable Zuweisung der Risiken des konkreten Bauvorhabens beinhalten, andererseits dem Bauherrn die notwendige Flexibilität in Bezug auf Steuerung,

© Springer Fachmedien Wiesbaden GmbH 2016
V. Agthe et al., *Intelligente Vergabestrategien bei Großprojekten*,
essentials, DOI 10.1007/978-3-658-16153-8_4

Einflussnahme und Vornahme von Änderungen belassen und keine zu großen Abhängigkeiten von seinem Vertragspartner schaffen.

Dabei verlangt jedes Projekt nach seiner eigenen Vergabestrategie, die davon abhängt, erstens welche Marktsituation besteht, d. h. ob eine hinreichende Anzahl von Werkunternehmern für einen Wettbewerb vorhanden ist, die für den Bauherrn attraktive Angebote einschließlich der Übernahme der spezifischen Projektrisiken abgeben, und zweitens, inwieweit eine Aufteilung und getrennte Vergabe einzelner Leistungsteile/Gewerke im konkreten Fall machbar und/oder sinnvoll ist, und ob/wie sich dadurch der Kreis möglicher Werkunternehmer erweitert. Drittens ist von Bedeutung, welchen Stand die Planung des Bauherrn aufweist, ob er also in der Lage ist, dem Werkunternehmer eine weitgehend fertiggestellte und koordinierte Gesamtplanung zu übergeben oder ob diese im Laufe des Projekts erst erstellt/angepasst werden muss.

Nachfolgend wird versucht, wesentliche Elemente solcher Vergabestrategien aufzuzeigen, die es ermöglichen, die beschriebenen, zum Teil widerstreitenden, Interessen und Notwendigkeiten vom Bauherrn/Werkunternehmern in angemessenen Ausgleich zu bringen. Eingeflossen sind die Erkenntnisse der Autoren aus verschiedenen Großbauprojekten mit ihren jeweils unterschiedlichen Anforderungen und Rahmenbedingungen.

4.2 Strukturierung eines Bauprojekts

Als erste Frage, welche Vergabestrategie am erfolgversprechendsten erscheint, sollte sich ein Bauherr vergegenwärtigen, welche Bauleistungen bei dem konkreten Projekt in Rede stehen, mithin welche Gewerke wann benötigt werden. Dabei geht es nicht um eine Atomisierung des Projekts in zahlreiche Einzelleistungen, sondern um die Bildung sinnvoller Pakete (siehe Abschn. 3.1), die als solche im Markt vergeben werden können. Mit anderen Worten stellt sich die Frage, wie sich das Bauprojekt sinnvoll in Vergabepakete zerlegen lässt.

Als in der Praxis regelmäßig relevante Vergabepakete für ein Großbauprojekt im Hochbau hat sich folgende, schrittweise Unterteilung (siehe Abschn. 3.1) als vorteilhaft erwiesen:

1. **Abbruch und Tiefbau**
   Sofern bei einem Neubauprojekt die bestehenden Gebäude abzubrechen sind, ist grundsätzlich zwischen oberirdischem und unterirdischem Abbruch zu unterscheiden. Der Tiefbau beinhaltet die Baugrubenumschließung, den

Erdaushub sowie gegebenenfalls eine Tiefengründung. Diese Gewerke werden häufig getrennt von zwei Werkunternehmern (Abbruch- und Tiefbauunternehmer) erbracht.

2. **General Conditions (GC)**

Auch wenn das Vergabepaket der GC (siehe Abschn. 3.1) in Deutschland noch weitgehend unbeachtet ist, muss sich der Bauherr dennoch mit der Vergabe dieses übergeordneten Leistungsteils für die Gewerkepakete eingehend befassen. Es sollte angestrebt werden, dass diese Leistungen durch einen Werkunternehmer bzw. Generalunternehmer (GU) erbracht werden. Der Werkunternehmer übernimmt dann im Wesentlichen die Gesamtverantwortung über die beauftragten Planungsleistungen, die Ausschreibung und Vergabe der Gewerke sowie die Gesamtkoordination der Ausführung dieser Gewerke. Sofern jedoch ein Werkunternehmer nicht oder noch nicht zur Verfügung steht, muss der Bauherr sicherstellen, dass dieser für die Projektrealisierung entscheidende Leistungsteil durch z. B. einen CM (siehe Abschn. 3.5) abgebildet ist.

3. **Gebäudehülle**

Die Gebäudehülle umfasst den Rohbau und die Fassade. Je nach Projekt ergeben sich vielfältige, technische und baubetriebliche Schnittstellen zu den Vergabepaketen *„Abbruch und Tiefbau"* sowie *„Ausbau"*. In der Regel werden diese beiden Gewerkepakete getrennt von jeweils einem Werkunternehmer erbracht.

4. **Ausbau**

Die Ausbauleistungen umfassen sowohl die technische Gebäudeausrüstung einschließlich der Aufzüge und Fördertechnik als auch den Innenausbau. In der Regel können diese Gewerke, sofern ein GU nicht zur Verfügung steht, aufgrund der fehlenden Angebotsseite nicht gebündelt an einen Werkunternehmer vergeben werden. Daher werden diese Leistungen häufig von mehreren Werkunternehmern erbracht.

Neben der Frage, welche Vergabepakete der Bauherr vergeben will, ist über die Unternehmereinsatzform zu entscheiden und wer die für die Bauleistung noch erforderlichen Planungsleistungen erstellen soll. Einerseits ist denkbar, einen potenziellen GU mit Teilleistungen zu beauftragen und ihn sozusagen in das Projekt hineinwachsen zu lassen oder andererseits eine separate Vergabe der Leistungen, beginnend mit denjenigen des Vergabepakets *„Abbruch und Tiefbau"*. Des Weiteren ist zu hinterfragen, ob es sinnvolle Kombinationen bezüglich der Vergabepakete gibt.

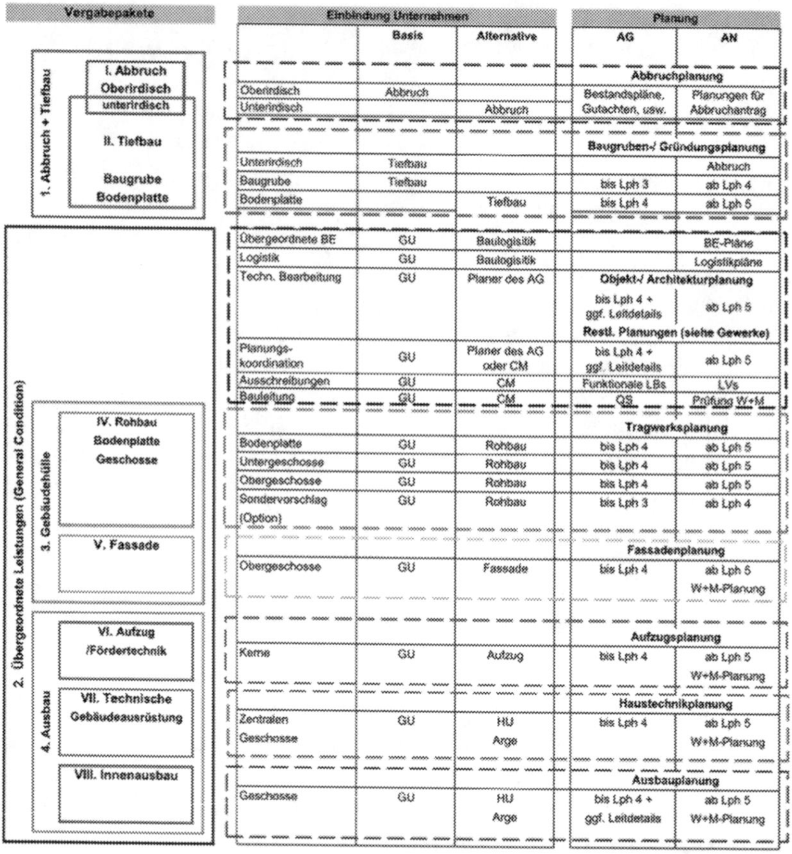

Vergabepakete	Einbindung Unternehmen		Planung	
	Basis	Alternative	AG	AN
I. Abbruch Oberirdisch / unterirdisch			**Abbruchplanung**	
Oberirdisch	Abbruch		Bestandspläne,	Planungen für
Unterirdisch		Abbruch	Gutachten, usw.	Abbruchantrag
II. Tiefbau Baugrube / Bodenplatte			**Baugruben-/ Gründungsplanung**	
Unterirdisch	Tiefbau			Abbruch
Baugrube	Tiefbau		bis Lph 3	ab Lph 4
Bodenplatte		Tiefbau	bis Lph 4	ab Lph 5
Übergeordnete BE	GU	Baulogistik		BE-Pläne
Logistik	GU	Baulogistik		Logistikpläne
Techn. Bearbeitung	GU	Planer des AG	**Objekt-/ Architekturplanung** bis Lph 4 + ggf. Leitdetails	ab Lph 5
			Restl. Planungen (siehe Gewerke)	
Planungskoordination	GU	Planer des AG oder CM	bis Lph 4 + ggf. Leitdetails	ab Lph 5
Ausschreibungen	GU	CM	Funktionale LBs	LVs
Bauleitung	GU	CM	QS	Prüfung W+M
IV. Rohbau Bodenplatte Geschosse			**Tragwerksplanung**	
Bodenplatte	GU	Rohbau	bis Lph 4	ab Lph 5
Untergeschosse	GU	Rohbau	bis Lph 4	ab Lph 5
Obergeschosse	GU	Rohbau	bis Lph 4	ab Lph 5
Sondervorschlag (Option)	GU	Rohbau	bis Lph 3	ab Lph 4
V. Fassade			**Fassadenplanung**	
Obergeschosse	GU	Fassade	bis Lph 4	ab Lph 5
				W+M-Planung
VI. Aufzug /Fördertechnik			**Aufzugsplanung**	
Kerne	GU	Aufzug	bis Lph 4	ab Lph 5
				W+M-Planung
VII. Technische Gebäudeausrüstung			**Haustechnikplanung**	
Zentralen	GU	HU	bis Lph 4	ab Lph 5
Geschosse		Arge		W+M-Planung
VIII. Innenausbau			**Ausbauplanung**	
Geschosse	GU	HU	bis Lph 4 + ggf. Leitdetails	ab Lph 5
		Arge		W+M-Planung

Linke Randbeschriftungen: 1. Abbruch + Tiefbau; 2. Übergeordnete Leistungen (General Condition); 3. Gebäudehülle; 4. Ausbau

Abb. 4.1 Vergabe-Matrix

Was schließlich die Planung anbelangt, ist ebenfalls zu entscheiden, ob bzw. welche Teile der Planung durch den Bauherr und welche durch die Werkunternehmer auszuführen sind. Im Bereich der Abbruchplanung bedarf es zunächst sicherlich der entsprechenden planerischen Vorgaben durch den Bauherrn, wohingegen die Planungsleistungen für den Abbruchantrag sinnvollerweise durch den mit diesen Leistungen beauftragten Werkunternehmer erbracht werden. Vergleichbares gilt für die Baugruben- und gegebenenfalls Gründungsplanung sowie die weiteren Planungen für die Gebäudehülle und den Ausbau. Grundsätzlich sollte der Bauherr die Planungsleistungen, die der Werkunternehmer dann zu erbringen hätte, bei seinem Planungsteam vertraglich optionieren.

Ohne Zweifel sind die sich insoweit stellenden Fragen und Entscheidungen individuell für jedes Projekt zu treffen. Gleichwohl kann zur Orientierung die nachfolgende Matrix (siehe Abb. 4.1) hilfreich sein, die bezüglich der Aufteilung der Vergabepakete, der Unternehmereinsatzform und der Verteilung der Planungsleistungen in Leistungsphasen (Lph) gemäß HOAI bereits in der Praxis erprobte Abgrenzungsmöglichkeiten aufzeigt.

4.3 GU-Vergabe

Nach wie vor sollte der Bauherr den Weg der **GU-Vergabe** für sein Projekt mit der dafür erforderlichen Tiefe prüfen. Beim GU-Modell erhält der Bauherr die gesamte Ausführung, gegebenenfalls auch Planungsleistungen, aus einer Hand. Die Leistungen der GC sowie die Risiken zur Bewältigung der Schnittstellen zwischen den Gewerken liegen dann aufseiten des GU. Die Gewährleistung beginnt nicht zu unterschiedlichen Zeitpunkten (z. B. nach Fertigstellung des Rohbaus), sondern einheitlich nach der Gesamtfertigstellung des Projektes. Voraussetzung für die erfolgreiche Durchführung eines Projekts unter Einsatz eines GU ist allerdings, dass die Bauleistungen mit einem entsprechenden zeitlichen Vorlauf mit koordinierten Planungsunterlagen ausgeschrieben und an den GU vergeben werden können.

Eben dies ist die Schwierigkeit der GU-Vergabe. Die Notwendigkeit, dem GU eine hinreichend konkretisierte (und am Ende koordinierte) Planung zu übergeben, erfordert, dass sich der Bauherr frühzeitig auf ein bestimmtes Bausoll festlegt und dieses hinreichend vorgibt. Oft wird versucht, dieses Problem dadurch zu lösen, dass die geschuldeten Leistungen, insbesondere die Qualitäten infolge der frühzeitigen Vergabe, funktional und global beschrieben werden. Diese globalen Leistungsbeschreibungselemente sind dann in der Regel nach dem Vertragsabschluss und während der Fortschreibung der Planung weiter zu konkretisieren oder erstmals zu vereinbaren. Hieraus ergibt sich ein erhebliches Änderungs- und Behinderungsrisiko.

Zudem wird bei einer GU-Vergabe die Übernahme der Risiken aus Schnittstellen, Lücken, Terminen, Kosten, usw. durch den GU in der Regel über höhere Preise, insbesondere über den GU-Zuschlag, bezahlt. Der GU-Zuschlag setzt sich in der Regel zusammen aus den Kosten für Ausschreibung, Vergabe, Überwachung und Abrechnung der Nachunternehmerleistungen, Insolvenzrisiko, Allgemeinen

Geschäftskosten des GU und einem Zuschlag für Gewinn. Dieser Zuschlagssatz kann – je nach Projektart und GU-Marktlage (Angebot/Nachfrage) – erheblich schwanken. In der Regel steigt der GU-Zuschlagssatz an, wenn die Nachfrage nach GU-Leistungen größer ist als das Angebot. Eine GU-Vergabe kann für den Bauherrn dann nicht mehr wirtschaftlich sein.

Nicht außer Betracht lassen kann der Bauherr bei seiner Entscheidung für die Unternehmereinsatzform, dass nach wie vor das GU-Modell durch Finanzmittelgeber wegen der vermeintlichen Sicherheit bevorzugt wird. So fördert der Basler Ausschuss für Bankenaufsicht ([36], S. 318) die GU-Vergabe in der Projektfinanzierung bzw. Kreditvergabe durch die finanzierenden Banken. Danach sind die Arten des Bauvertrags in Risikoklassen *(„Risikogewichte")* unterteilt. Als *„sehr gut"* bzw. *„gut"* wird der *„Generalunternehmer-Werkvertrag mit Festpreis und fixem Fertigstellungszeitpunkt (schlüsselfertige Übergabe)",* als *„mittel"* der *„Werkvertrag mit einem oder mehreren Bauunternehmen; Festpreis und fixer Fertigstellungszeitpunkt (schlüsselfertige Übergabe)"* und als *„schwach" „kein oder nur Teilvertrag mit Festpreis bei schlüsselfertiger Übergabe und/oder Koordinationsprobleme unter einer Vielzahl von Bauunternehmen"* bewertet.

4.4   Paketvergabe

Im Rahmen der **paketweisen Vergabe** hat der Bauherr die Möglichkeit, die Planung parallel zur Vergabe der einzelnen Pakete zu erstellen bzw. zu vervollständigen oder entsprechend den sich möglicherweise ändernden Vorgaben anzupassen. Da jeweils nur Teile der Leistungen vergeben werden, kann der Bauherr rechtzeitig Einfluss auf die terminliche Gestaltung und die Konkretisierung der Leistungen in denjenigen Gewerken nehmen, die zunächst nicht vergeben werden. Der Bauherr kann zeitversetzt einzelne Gewerke entsprechend der tatsächlichen Notwendigkeit beauftragen. Schließlich erweitert die Aufteilung in Vergabepakete den Kreis der möglichen Bieter.

Auf der anderen Seite obliegen dem Bauherrn zahlreiche Leistungen der GC. So sind eine Vielzahl von unterschiedlichen Gewerken auszuschreiben, zu verhandeln und zu vergeben. Weiterhin hat der Bauherr den Werkunternehmern bei einer Paketvergabe die Ausführungsplanung zur Verfügung zu stellen. Der Bauherr ist insoweit auch für die Planungskoordination bzw. die Beschaffung der koordinierten Planungsunterlagen verantwortlich. Die Werkunternehmer erstellen darauf aufbauend lediglich noch die für das jeweilige Gewerk erforderliche Werkstatt- und Montageplanung, wohingegen bei einer GU-Vergabe oftmals nur die „vertiefte" Entwurfsplanung – mit Leitdetails – beigestellt wird.

Die wesentlichen Risiken für den Bauherrn ergeben sich somit aus der Koordination- und Planungsverpflichtung einschließlich Koordination der Schnittstellen zwischen den Gewerkepaketen. Gerade die Thematik der Schnittstellen zwischen den einzelnen Gewerkepaketen bedingt ein hohes Risiko (z. B. Überschneidungen, Lücken) für den Bauherrn bezüglich der unzureichenden Koordination und der damit verbunden Auswirkungen auf die Kosten und den Bauablauf.

Mit der paketweisen Vergabe ist daher insgesamt eine erhebliche Belastung mit Kosten und Risiken für den Bauherrn verbunden, die im Fall einer GU-Vergabe üblicherweise den GU treffen. Überdies bedarf der Bauherr im Bereich der GC, sofern er nicht über entsprechendes eigenes Personal verfügt, fachlicher Unterstützung durch einen qualifizierten Construction Manager (CM). Das Leistungsbild des CM bedarf jedenfalls in Deutschland noch der weiteren Ausdifferenzierung und Marktdurchdringung.

In jüngerer Zeit bilden sich daher zunehmend Vergabemodelle heraus, durch die die vorstehend genannten Nachteile für den Bauherrn, aber auch für den Werkunternehmer vermieden werden sollen.

4.5 Partnering Modell mit zwei Stufen

In der Variante „**Partneringmodell**" steigt der Werkunternehmer frühzeitig in die Planung des Projektes meist zum Ende der Vorplanung und zum Beginn der Entwurfsplanung ein. Der Werkunternehmer wird nachfolgend als *„Partner"* bezeichnet.

Dabei wird das Projekt in 2 Stufen – Stufe 1 Pre Construction-Phase („**PCP**") und Stufe 2 Construction-Phase („**CP**") – unterteilt, wobei die Intention ist, beide Phasen mit einem Partner zu realisieren. Dieser Partner erhält jedoch erst durch Abgabe eines kompetitiven Angebots zum Ende der PCP die Chance, die Leistungen der CP auszuführen. Ein Anspruch auf Beauftragung mit den Leistungen der CP besteht nicht.

Im Rahmen der PCP begleitet der Partner die Planung des Bauherrn mit dem Ziel, technische Alternativen und Optimierungsvorschläge zu erarbeiten. Hieraus können sich dann Alternativ- oder Sondervorschläge des Partners ergeben. Insoweit erbringt der Partner selbst Planungsleistungen, um in Abstimmung mit dem Bauherrn an der Erstellung einer vollständigen, genehmigungsfähigen, optimierten und kostengünstigen Planung einschließlich drittvergabefähiger Ausschreibungsunterlagen mitzuwirken. Insoweit hat der Partner auch spezifische Produktinformationen und -innovationen im Bereich von Einzelleistungen, insbesondere der Baukonstruktion oder der Haustechnik (z. B. Kühldecken,

Aufzugssteuerungen, Fassadenausführungen, usw.) zusammen zu tragen, zu prüfen und zu bewerten. Die Beratung des Bauherrn in Bezug auf Raum- und Funktionsprogramme, Flächen- und Kubaturberechnungen und den wirtschaftlichen Betrieb im Hinblick auf den Unterhalt des Gebäudes kann ebenso eingeschlossen sein, wie die Bauoberleitung für die vorlaufenden Gewerke. Hierdurch erhält der Partner bereits in der PCP die Möglichkeit, bestehende oder künftige Schnittstellen zu koordinieren und entsprechende Risiken im Rahmen der CP zu minimieren. Für die Mitwirkung des Partners in der CP wird auch der Begriff des *„Value-Engineering"* verwendet, definiert als Methode zur Kostenreduktion ohne Einbuße an Qualität, Effizienz oder Zuverlässigkeit ([37]). Auch wenn ein Value-Engineering in vorgenanntem Sinn durchaus gewünscht ist, ist die Intention des Partnering-Modells mit PCP und CP weitergehend, die Planung des Projekts zu verbessern und nicht nur Kosten zu sparen. Weiterhin ist das Bausoll zu definieren und, soweit erforderlich, zu vervollständigen. Schließlich soll durch die frühzeitige Einbindung des Partners sichergestellt werden, dass im Rahmen der Leistungen der Stufe 2 (CP) keine Behinderungen des Partners wegen Mängeln der Planung auftreten.

Den Abschluss der PCP bildet die Übergabe aller vom Partner erstellten Unterlagen sowie die Abgabe eines Angebots für die CP auf Basis eines während der PCP verhandelten GÜ-Vertrages, durch den sich der Partner verpflichtet, in der CP die vollständige weitere Planung (einschließlich koordinierter Ausführungsplanung) zu erstellen und das Projekt schlüsselfertig zu errichten. Bezüglich der Vergütung existieren sowohl Varianten als GMP-Modell oder – häufiger – als Pauschalpreis-Vertrag.

Zweifelsohne birgt das genannte Modell die Gefahr, dass sich der Partner in der PCP das Projekt auf seine Bedürfnisse zurechtschneidert und für die CP keine ernsthafte Konkurrenz mehr besteht. Dieser Gefahr kann jedoch – wenigstens teilweise – dadurch begegnet werden, dass der Partner verpflichtet ist, an der Erstellung drittverwendungsfähiger Ausschreibungsunterlagen mitzuwirken und dass die vertraglichen Vereinbarungen zur CP bereits während der PCP verhandelt werden. In der Regel zeigt sich in diesem Zusammenhang, ob der für die PCP ausgewählte Partner auch Gewähr für die CP zu bieten verspricht.

4.6   Paketvergabe mit Zielrichtung GU-Vergabe

Komplexer ist die Situation, wenn sich der Bauherr gegen eine frühzeitige Einbindung eines GUs oder Partners in sein Projekt entscheidet und zuerst den Weg der Paketvergabe wählt.

Ziel einer insoweit optimierten Vergabestrategie muss es sein, die vorstehend beschriebenen Risiken einer Paketvergabe zu beherrschen. Hierzu bedarf es der wohldurchdachten Kombination folgender Elemente und Schritte:

1. Aufteilung der Vergabepakete;
2. Allokation der General Conditions;
3. Aufbau eines GUs (zum Beispiel des Werkunternehmers Rohbau) und Wahl des optimalen Vertragsmodells (GMP/Pauschalpreis).

Ein solches Modell kann wie folgt aufgebaut werden:

4.6.1 Vergabepakete

Das **Gewerk Abbruch** beinhaltet, soweit erforderlich, die Arbeiten für Entkernung, Rückbau und Demontage der vorhandenen Bauwerke. Das **Gewerk Tiefbau** umfasst die Baugrubensicherung bis einschließlich Sauberkeitsschicht. Je nach Projekt können auch Gründungsarbeiten (z. B. Pfähle) für den Hochbau erforderlich werden. Diese Vergabepakete sind durch den Bauherrn getrennt voneinander zu beauftragen.

Es ist zwischen oberirdischem und unterirdischem Abbruch zu unterscheiden. Beim oberirdischen Abbruch entstehen durch die Entkernung bzw. den Abriss vorhandener Gebäude keine wesentlichen technischen und wirtschaftlichen Abhängigkeiten bzw. Schnittstellen zu den weiteren Gewerken. Der unterirdische Abbruch ist vom Abbruchunternehmer optional anzubieten. Der Abbruchantrag für den oberirdischen Abbruch ist vom Bauherrn einzureichen. Die für den Abbruchantrag erforderlichen Planungen (z. B. Abbruchkonzept/-statik) erstellt der Abbruchunternehmer.

Die sich insoweit zwischen Abbruch und Tiefbau ergebenden Schnittstellen der Leistungen und die sich hieraus ergebenden Risiken können dadurch vermieden werden, dass der vom Bauherr beauftragte Abbruchunternehmer für den oberirdischen Abbruch als Nachunternehmer für den unterirdischen Abbruch vom Tiefbauunternehmer beauftragt wird.

Um Planungsrisiken im Tiefbau für den Bauherrn zu reduzieren, sollte der Tiefbauunternehmer, die Genehmigungsplanung für die Baugrubensicherung einschließlich der Statik erstellen. Die Vergabe an den Tiefbauunternehmer muss dann vor Beginn der Leistungsphase 4 (HOAI) „Genehmigungsplanung" erfolgen. Die dafür erforderlichen Entwurfsunterlagen stellt der Bauherr bei. Der Vorteil dieser Vorgehensweise ist, dass die von den Tiefbauunternehmen üblicherweise angebotenen Sondervorschläge rechtzeitig in die Planung des Bauherrn integriert werden können und somit das Risiko der Genehmigungsplanung und der technischen Prüfung beim Tiefbauunternehmer liegt. Auf Grundlage der Genehmigungsplanung kann dann in der Regel ein Bauantrag für die Baugrube als temporäre Sicherung für den unterirdischen Abbruch als Abbruchantrag eingereicht bzw. die Baugenehmigung entsprechend ergänzt werden. Darüber hinaus liefert und erstellt der Tiefbauunternehmer alle für die Ausführungsplanung der Baugrube erforderlichen statischen Berechnungen, Planunterlagen, usw. Alternativ dazu sollte diese Genehmigungsplanung vom Fachplaner des Bauherrn vertraglich als Option angeboten werden.

Eine technische, sinnvolle Schnittstelle zwischen den Tiefbau- und Rohbauarbeiten ist die Sauberkeitsschicht. Optional kann der Bauherr das Tiefbauunternehmen die Erstellung der Bodenplatte anbieten lassen. Dadurch lassen sich eventuelle Verzögerungen des Bauvorhabens vermeiden, die sich ergeben können, wenn eine Vergabe an einen Rohbauunternehmer nicht rechtzeitig erfolgen kann.

Beim **Gewerk Rohbau** sind die Marktgegebenheiten bezüglich des Angebotes solcher Leistungen zu berücksichtigen. So ist im Hochbau die Optimierung des Geschosstaktes eine wesentliche Notwendigkeit für kostenbewusstes und termingerechtes Bauen. Dieser Geschosstakt wird durch die Herstellung der wesentlichen Bauteile (z. B. Kern, Stützen, Decken) bestimmt. Dies wiederum hat Auswirkungen auf das Kran-, Schalungs- und Personalkonzept des Rohbauunternehmers. Daher ist es in der Praxis mittlerweile üblich, dass die Rohbauunternehmer durch Sondervorschläge den Rohbau zu optimieren versuchen mit dem Ziel, sich hierdurch frühzeitig in den Planungsprozess des Bauherrn zu integrieren. Eine Optimierung ist z. B. die Entwicklung von Konstruktionen zur Herstellung der Decken im Hochbau in Betonfertigteilbauweise. Daher ist es sinnvoll, eine frühe Vergabe des Rohbaus anzustreben, um so die Sondervorschläge der Rohbauunternehmen rechtzeitig in der Genehmigungsplanung für die Tragkonstruktion berücksichtigen zu können. Die Tragwerksplanung bis zur Rohbauvergabe erstellt der vom AG beauftragte Fachplaner. Ebenfalls sollte die Genehmigungsplanung vom Fachplaner des Bauherrn vertraglich als Option angeboten werden.

Beim **Gewerk Fassade** muss der Bauherr das ingenieurtechnische Spezial-Know-how der Fassadenhersteller frühzeitig in die Entwurfsplanung integrieren. Aufseiten des Bauherrn begleitet ein Fachplaner den technischen Entwurf der Fassade. Anstelle eines reinen Preiswettbewerbs findet ein **Kompetenzwettbewerb** statt, also ein Auswahlverfahren, mit dem der Bauherr anhand bestimmter Entscheidungskriterien unter mehreren Bewerbern den für die besonderen

Eigenschaften des Projekts am besten geeigneten Fassadenhersteller auswählt. Voraussetzung des Kompetenzwettbewerbs ist die Identifikation von Schwerpunktthemen, zu denen es im Entwurf des Bauherrn zwar Ansätze, aber noch keine Festlegungen auf eine bestimmte Art der Ausführung oder auch erhebliche Optimierungspotenziale gibt. Weitere Kompetenzwettbewerbe eignen sich im Hochbau für das **Gewerk Aufzüge.** So werden auf dem Markt z. B. Aufzugssysteme mit zwei unabhängigen Kabinen in einem Schacht angeboten. Hierdurch werden neue, innovative Verkehrskonzepte möglich.

Durch Kompetenzwettbewerbe verringert sich das Risiko unzutreffender Planungsannahmen oder zu spät erkannter Planungs- bzw. Koordinierungslücken. Hieraus ergibt sich ein hohes Potenzial zur qualifizierten Schnittstellenkoordinierung.

Die **Technische Gebäudeausrüstung** ist als ein mehrere Gewerke umfassendes Paket zu planen und gegebenenfalls im Rahmen mehrerer Gewerke (z. B. Sanitär, Lüftung, Kälte, Elektro, Gebäudeautomation, usw.) zu vergeben. Ziel ist, an einen Haustechnikunternehmer mehrere Gewerke (**Mini-GU**) zu vergeben. Gleiches gilt für das **Gewerk Innenausbau.** Die Ausführungs-, Werkstatt- und Montageplanung erstellen jeweils für ihre Gewerke die Haustechnik- und Ausbauunternehmen.

Zwischen den einzelnen Vergabepaketen bestehen vielfältige **Schnittstellen.** Diese Schnittstellen sind vom Bauherrn konkret zu beschreiben und zu definieren. In einer Schnittstellenliste ist gewerkebezogen für das Bauprojekt klarzustellen, wer welche Leistung an einer Schnittstelle erbringt. Dabei sind bauablauftechnische Zusammenhänge zwischen den Gewerken zu beachten. So können z. B. die Tiefbauarbeiten (z. B. Deckelbauweise, Aussteifungen in der Baugrube, kombinierte Pfahl-Plattengründung, usw.) einen wesentlichen Einfluss auf die Rohbauarbeiten haben.

Der Bauherr hat grundsätzlich das Zusammenwirken der Gewerke auf der Baustelle zu koordinieren. Der Werkunternehmer hat nur seine nach dem Vertrag zu erbringenden Leistungen zu koordinieren. Die Schnittstellenrisiken zwischen den Vergabepaketen können für den Bauherrn durch den Abschluss einer „*3er Vereinbarung*" reduziert werden. Bei dieser 3er Vereinbarung verpflichten sich die verschiedenen Werkunternehmer, die Vertragsunterlagen der jeweils „*angrenzenden*" Leistungen zu prüfen und die Schnittstellen zu eliminieren. Weiterhin haben die Werkunternehmer die Schnittstellen zwischen den Paketen gemeinsam zu koordinieren und den Bauherrn von nachteiligen Folgen, die sich aus den Schnittstellen oder deren Koordination ergeben, freizustellen. Als Anlage zu dieser „*3er Vereinbarung*" ist dann die Schnittstellenliste zu vereinbaren.

4.6.2 Allokation General Conditions und Construction Management

Der Bauherr muss zur Beherrschung der sich aus den Vergabemodellen ergebenden Risiken über eine hohe fachliche Kompetenz und für das Bauvorhaben erforderliche personelle Kapazitäten verfügen. Sofern der Bauherr diese Ressourcen nicht besitzt, muss er sich diese am Markt einkaufen. Dies kann er durch Einschaltung eines CM (siehe Abschn. 3.5) sicherstellen. Für *„CM at risk"* gibt es in Deutschland, ausgenommen der Generalübernehmer- oder Baubetreuungsmodelle, so gut wie keinen Anbietermarkt, sodass es in der Regel bei einem CM „at agency" verbleibt. Der CM übernimmt bei dieser Variante im Wesentlichen die Gesamtverantwortung für die Ausschreibung und Vergabe bzw. den Einkauf der Planungs- und Bauleistungen sowie die Gesamtkoordination der Bauausführung der Gewerkepakete. Durch die Einschaltung eines CM werden Teile der in den GC enthaltenen Leistungen bauherrnseits abgebildet.

Die technische Bearbeitung im Sinne einer koordinierten Ausführungsplanung schulden in aller Regel die vom Bauherrn eingeschalteten Planer (z. B. Objektplaner) und die für das jeweilige Gewerkepaket beauftragten Werkunternehmer (z. B. Fassaden- und Aufzugsunternehmer, siehe Abschn. 4.5). Gegebenenfalls kann es aufgrund des Bauvorhabens erforderlich sein, diese von den Planern zu erbringende Ausführungsplanung in einzelne Optionen aufzuteilen (z. B. Erstellen von Leitdetails, Erstellen der Ausführungsplanung für den Rohbau).

Inwieweit die Bauüberwachung/Bauleitung durch den CM oder den vom Bauherrn eingeschalteten Planer realisiert wird, bedarf ebenfalls einer Entscheidung. Was die Bauleitung selbst und die dazu vom Bauherrn bestimmten Personen betrifft, sind in den jeweiligen Landesbauordnungen Regelungen (z. B. § 51 HBO) festgelegt.

Bezüglich der Baulogistik ist zwischen gewerkespezifischer und übergeordneter Baulogistik zu unterscheiden. Die gewerkespezifischen Leistungen (z. B. Kran, Hebezeuge, Gerüste, usw.) sollten bei der Paketvergabe als separate Leistung an die Werkunternehmer vergeben werden. Die übergeordneten Leistungen (z. B. Container, Bauaufzüge, usw.) benutzen alle auf der Baustelle tätigen Werkunternehmer. Hier gibt es grundsätzlich zwei Vergabemöglichkeiten. In der ersten Variante sind diese Leistungen vom Bauherrn an ein Gewerk (z. B. Rohbauunternehmer) zu vergeben, d. h. dieser Werkunternehmer stellt z. B. die Container für andere Werkunternehmer bereit. Bei der zweiten Variante ist ein Drittunternehmer (z. B. Baulogistikunternehmen) mit diesen Leistungen zu beauftragen. Diese Kosten können bei beiden Varianten auf die Werkunternehmer anteilig umgelegt werden.

4.6.3   Aufbau eines GU und Vertragsmodells

Eine Möglichkeit der Risikominimierung für den Bauherrn ist, einen Werkunternehmer als GU aufzubauen. Dies darf jedoch nicht zu einer unangemessenen Risikoüberwälzung auf den Werkunternehmer führen. Prädestiniert ist hierfür das Gewerk Rohbau, da die mittelständischen und größeren Bauunternehmen sämtliche Rohbauarbeiten anbieten, d. h. für das Paket *Rohbau* gibt es einen funktionierenden Wettbewerb. Weitere Gründe dafür sind, dass zum einen der Rohbauunternehmer frühzeitig in einem Bauvorhaben tätig werden muss und zum anderen, dass es sich um ein zentrales Gewerk handelt, das mit nahezu allen weiteren Gewerken in Berührung kommt. Daher sollte der Bauherr die Option, den Rohbauunternehmer in der Folge als GU einzusetzen, der dann die schlüsselfertige Erstellung aller Leistungen schuldet und die nachfolgenden Leistungen in seine GU-Leistung zu integrieren hat, erwägen (siehe Abb. 4.2).

Die vorlaufenden Abbruch- und Tiefbauarbeiten werden bei diesem Modell auf der Basis von Pauschalpreisvereinbarungen beauftragt.

Oftmals ist zum Zeitpunkt der Beauftragung des Rohbauunternehmers die Gesamtplanung des Projekts noch nicht hinreichend fortgeschritten. Infolge dessen ist das Bausoll nur teilweise definiert. Daher ist es einem in die GU-Position hineinwachsenden Rohbauunternehmer nicht möglich, die zu erbringenden Leistungen für die schlüsselfertige Herstellung des gesamten Projekts präzise zu bepreisen.

Vor diesem Hintergrund kann die Beauftragung zunächst auf Basis einer Zielpreis-Vereinbarung erfolgen. Hierbei hat, in Abhängigkeit von der vom Bauherrn bereitgestellten Planung, der Rohbauunternehmer dem Bauherrn zuerst einen nicht bindenden Zielpreis für die schlüsselfertige Erstellung zu benennen. Dieser Zielpreis setzt sich zusammen aus den Kosten für die General Conditions (GC), soweit nicht vom Bauherrn Leistungen selbst erbracht werden, sowie den Kosten für die einzelnen Gewerkepakete Rohbau, Fassade, Aufzüge, Technische Gebäudeausrüstung und Innenausbau. Ziel ist, in Abhängigkeit von dem erzielten Planungs- und Vergabefortschritt eine stufenweise Festschreibung dieses Zielpreises zunächst als GMP und sodann als Pauschalfestpreis zu ermöglichen.

Innerhalb des genannten Zielpreises ist auf der Basis einer funktionalen, jedoch aussagekräftigen und kalkulierbaren Leistungsbeschreibung für die GC ein Pauschalfestpreis zu vereinbaren, der insbesondere die noch erforderlichen Planungsleistungen (Objektplanung etc.) und deren Planungskoordination, die Vorbereitung und Durchführung der Ausschreibungen und Vergaben der Bauleistungen an Nachunternehmen, die Baustelleneinrichtung, die Baustellenorganisation sowie ergänzend die AGK und WuG umfasst.

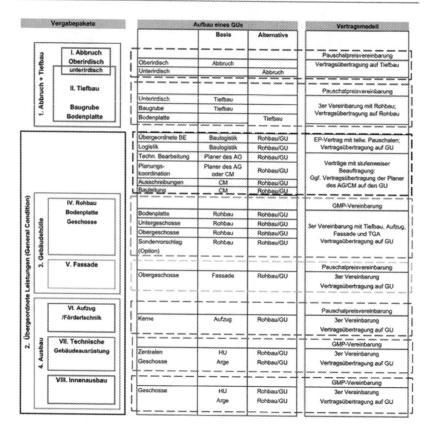

Abb. 4.2 Aufbau eines GU und Vertragsmodells

Der Rohbauunternehmer übernimmt bei diesem Modell als GU/CM die Gesamtverantwortung für die Planung und deren Koordination, die Ausschreibung und Vergabe der noch nicht pauschalierten Gewerke sowie die Gesamtkoordination der Bauausführung der Gewerke.

Bei der genannten Vertragsgestaltung ist darauf zu achten, dass insoweit keine Lücken oder Doppelansprüche in der Kette der Vertragsverhältnisse zwischen Bauherrn, Werkunternehmer und Nachunternehmer entstehen (z. B. Skonto, Versorgung von Strom und Wasser, Entsorgung von Bauschutt, usw.). Daher sollten die GC vom Bauherrn detailliert in Form einer Angebotsmatrix abgefragt werden. Dort sollten die einzelnen Kostenbestandteile der GC aufgeschlüsselt werden. Für

Leistungen, deren Umfang noch variieren kann, und die daher in der Regel optional vereinbart werden (z. B. Mieterausbau) ist der entsprechende Anteil der GC gesondert in der Angebotsmatrix darzustellen.

Die Praxis zeigt, dass die Leistungen der GC trotz ansonsten bestehender Planungsunsicherheit auf Basis einer Pauschalvergütung vereinbart werden können.

Für die Bauleistungen (Gewerkepakete) hat der Rohbauunternehmer mit fortschreitender Entwurfsplanung dem Bauherrn einen GMP für die schlüsselfertige Erstellung des Projekts mit einer hinreichend langen Bindefrist anzubieten. Der GMP setzt sich zusammen aus dem Pauschalpreis für GC und den Einzel-GMPs für die jeweiligen Gewerkepakete. Dabei besteht auch die Möglichkeit, bereits zu diesem Zeitpunkt für alle Gewerkepakete einen GMP zu vereinbaren. Ziel ist, einen GMP zu vereinbaren, der unterhalb des Zielpreises liegt.

Weitere Flexibilität ergibt sich, wenn der Bauherr berechtigt ist, einzelne Gewerke selbst zu beauftragen. Dies gilt insbesondere für die Gewerke Fassade und Aufzüge, die vom Bauherrn über Kompetenzwettbewerbe eingekauft werden können. Der mit dem Rohbauunternehmer geschlossene Vertrag muss diesen sodann verpflichten, die zwischen dem Bauherrn und Dritten geschlossenen oder endverhandelten Verträge im Wege der Vertragsübernahme/Direktbeauftragung zu übernehmen. Die mit den Dritten vereinbarte Vergütung wird dann Bestandteil des GMP.

Soweit für die Rohbauarbeiten noch kein Pauschalpreis vereinbart werden konnte, muss nach weiterer Fortschreibung der Planung der Rohbauunternehmer für das **Gewerk Rohbau** einen Pauschalfestpreis anbieten. Kommt der Werkunternehmer der vertraglich zu fixierenden Verpflichtung nicht termingerecht nach oder gibt er einen Pauschalfestpreis oberhalb eines von ihm benannten Zielpreises Rohbau ab, sollte der Bauherr die Möglichkeit haben, den Vertrag zu beenden. Soweit das Gewerk Rohbau zum Pauschalfestpreis vergeben werden kann, sollte die Beauftragung des (bisherigen) Rohbauunternehmers als GU erfolgen, verbunden mit der Vereinbarung eines GMP für die schlüsselfertige Erstellung des Projekts und der weiteren Verpflichtung, zum späteren Zeitpunkt anstelle des GMP einen Pauschalpreises anzubieten.

Für die Vergabe zu diesem Zeitpunkt anstehenden restlichen Leistungen (insbesondere **Gewerkepakete Technische Gebäudeausrüstung** und **Innenausbau**) kann vereinbart werden, dass diese gemeinsam durch den Rohbauunternehmer (als GU) und Bauherrn nach der *„open-book-Methode"* ausgeschrieben werden. Grundlage sind die vom GU übernommenen und von diesem fortgeschriebenen Planungen. Auf dieser Basis (nach Vergabe der wesentlichen Gewerke) ist es sodann dem GU möglich, dem AG einen Pauschalfestpreis für die schlüsselfertige Erstellung des Projekts anzubieten, wozu er nach den vertraglichen Vereinbarungen auch verpflichtet werden sollte. Wird ein Pauschalfestpreis angeboten, ist der Bauherr frei, diesen anzunehmen oder es bei dem GMP-Verfahren zu belassen.

Schlussfolgerung und Ausblick 5

Der Baumarkt – sowohl auf der Angebots- als auch auf der Nachfrageseite – hat sich in den letzten Jahren erheblich verändert. Deutschland ist (nicht zuletzt nach der „Brexit-Entscheidung" Großbritanniens) ein besonders gefragter Standort für Immobilieninvestitionen. Dadurch nahm die Auslastung der Baufirmen deutlich zu. Verstärkt wird dieser Trend durch die Verlagerung von Geschäftsbereichen einzelner, großer Baukonzerne vom Baugeschäft zum Servicegeschäft. Im Binnenmarkt sind nur noch wenige Baufirmen tätig, die auf der Grundlage ihres Know-hows ein Großbauprojekt als GU realisieren können. Die Angebotsseite für die GU-Vergabe ist stark beschränkt auf einzelne Anbieter bzw. Baufirmen. Diese gute GU-Auftragslage der Baufirmen spiegelt sich in den gegenüber den letzten Jahren deutlich höheren GU-Zuschlagssätzen wieder. Zudem sind einige deutsche Baufirmen, die ein Großbauprojekt umsetzen könnten, in internationale Baukonzerne integriert. Dadurch sind einige Zuschlagssätze, die vom Konzern vorgegebenen werden, fix bzw. unveränderlich und können somit auch nicht mehr projektbezogen angepasst werden.

Der Bauherr muss seine Vergabestrategie hierauf einstellen.

Ziel der Vergabestrategie des Bauherrn ist, die ihn treffenden Risiken so weit wie möglich zu minimieren und dabei sicherzustellen, dass sein Projekt in den budgetierten Kosten, innerhalb der geplanten Bauzeit und in den gewünschten Qualitäten errichtet wird (siehe dazu vorstehend Abschn. 2.2). Wie dargestellt, birgt eine unreflektierte Risikoabwälzung, soweit sie überhaupt seitens der Werkunternehmer akzeptiert wird, erhebliches Streitpotenzial (siehe dazu z. B. vorstehend Abschn. 3.2). Unsicherheiten können sich auch aus dem Umstand ergeben, dass die auszuführenden Leistungen zum Zeitpunkt der Vergabe noch nicht hinreichend definiert und mit der erforderlichen Genauigkeit und Tiefenschärfe beschrieben sind.

© Springer Fachmedien Wiesbaden GmbH 2016   47
V. Agthe et al., *Intelligente Vergabestrategien bei Großprojekten*,
essentials, DOI 10.1007/978-3-658-16153-8_5

Vor diesem Hintergrund sind Bauherren gefordert, Vergabestrategien zu entwickeln, die einerseits für den Werkunternehmer eine akzeptable vertragliche Zuweisung der für das konkrete Bauvorhaben bestehenden Risiken beinhalten, jedoch ohne ihn zu überfordern, andererseits dem Bauherrn die notwendige Flexibilität in Bezug auf Steuerung, Einflussnahme und Vornahme von Änderungen ermöglichen und für ihn keine zu großen Abhängigkeiten von seinem Vertragspartner schaffen.

Dabei kann bei definiertem Leistungssoll – oder auch wegen Vorgaben der finanzierenden Bank – die Vergabe an einen GU nach wie vor die zutreffende Vergabestrategie sein, trotz der in Abschn. 3.3 beschriebenen möglichen Nachteile und Risiken für den Bauherrn. Oftmals bedarf es jedoch vertiefter Überlegungen über die bestmögliche Strukturierung eines Bauprojekts. Hier kann die Bildung und Vergabe von Paketen einschließlich der möglichen Kombination einer Paketvergabe mit Überleitung zur GU-Vergabe hilfreich sein (siehe Abb. 4.1 und 4.2). Durch diese Art des Einkaufs zunächst von Schlüsselgewerken (z. B. Fassade) und die Durchführung von Kompetenzwettbewerben konkurrieren die Bieter nicht nur über den Preis, sondern auch über ihre fachliche Kompetenz. Dadurch verringern sich auch die Risiken bezüglich unzutreffender Planungsannahmen oder zu spät erkannter Planungs- und Koordinierungslücken.

Schließlich kann auch ein Partnering-Modell die zielführende Variante darstellen, wenn durch eine Aufteilung des Projekts, insbesondere in eine Pre Construction-Phase und eine Construction-Phase sichergestellt ist, dass die Handlungsfreiheiten des Bauherrn so lange erhalten bleiben, bis dieser ein ausreichendes Bild über die Optimierung des Projekts und dessen Kosten erhalten hat.

Insgesamt bedarf es für jedes Bauprojekt der anfänglichen und sorgfältigen Analyse der konkreten Risiken und Herausforderungen, einschließlich der Frage, ob die Eigenorganisation des Bauherrn angemessen ist. Dabei müssen tradierte Formen der Vergabe hinterfragt und gegebenenfalls überwunden werden, um im Einzelfall eine passgenaue, wenn auch möglicherweise komplexere *Einkaufsstrategie* für die Planung und die bauliche Ausführung zu finden.

Was Sie aus diesem *essential* mitnehmen können

- Tradierende Vergabemodelle sind oftmals nicht geeignet, die bestehenden Herausforderungen zu meistern.
- Erfolg von Vergabestrategien liegt im intelligenten Einkauf von Bau- und Planungsleistungen.
- Vergabemodelle sind flexibel auf die sich verändernde Marktsituation auszurichten.
- Interessen und Notwendigkeiten der Beteiligten sind in angemessenen Ausgleich zu bringen.
- Jedes Bauprojekt verlangt seine eigene Vergabestrategie und maßgeschneiderte Konzepte.

© Springer Fachmedien Wiesbaden GmbH 2016
V. Agthe et al., *Intelligente Vergabestrategien bei Großprojekten,*
essentials, DOI 10.1007/978-3-658-16153-8

Literatur

1. D. S. Barrie/ B.C. Paulson: Professional Construction Management, Verlag McGraw-Hill, New York, 3. Aufl. 1991.
2. D. W. Halpin/ B. A. Senior: Construction Management, Verlag John Wiley & Sons, New York, 4. Aufl. 2010.
3. Gabler: Wirtschaftslexikon, http://wirtschaftslexikon.gabler.de/Definition/risiko.html.
4. L. Krause: Das Risiko und Restrisiko im Gefahrstoffrecht, Neue Zeitschrift für Verwaltungsrecht (NVwZ) 2009.
5. H. Ganten/ G. Jansen/ W. Voit in: Beck'scher VOB- und Vergaberechts-Kommentar VOB Teil B, 3. Auflage, C.H.Beck, München, 2013.
6. K. D. Kapellmann/ K.-H. Schiffers: Vergütung, Nachträge und Behinderungsfolgen beim Bauvertrag: rechtliche und baubetriebliche Darstellung der geschuldeten Leistung und Vergütung sowie der Ansprüche des Auftragnehmers aus unklarer Ausschreibung, Mengenänderung, geänderter oder zusätzlicher Leistung und aus Behinderung gemäß VOB/B, Band 1: Einheitspreisvertrag, 6. Auflage, C.H.Beck, München, 2011.
7. T. Haubold: Kosten- und Terminüberschreitungen bei aktuellen Großprojekten, Vortragsmanuskript vom 19.04.2013, DVP Frühjahrestagung, 2013.
8. D. Jakob/G. Ring: Freiberger Handbuch zum Baurecht, 3. Auflage, Bundesanzeiger, Berlin, 2008.
9. E. Putzier: Der Pauschalpreisvertrag. Geschuldete Bauleistung, Vergütung und Nachträge unter Berücksichtigung des Generalunternehmervertrages, 2. Auflage, Verlag Carl Heymanns, Köln, 2005.
10. B. Stolz/ C. Heindl: in: S. Althaus/C. Heindl, Der öffentliche Bauauftrag: Vergabe und Ausführung von Bauleistungen nach VOB Teile A, B und C, Teil 2, C.H.Beck, München, 2013.
11. C. Kluenker: Risk versus Conflict of Interest, CN eJOURNAL 2001.
12. BGH, Urteil vom 25.02.1988, in: NJW-RR 1988, S. 785–786.
13. K. D. Kapellmann: Ein Construction Management Vertragsmodell – Probleme, Lösungen, NZ Bau 2001, S. 592–596.
14. K. D. Kapellmann: Partnerschaftsmodelle der Bauwirtschaft – rechtliche Sicht, Vortrag vom 24.01.2006.
15. P. Racky: Partnering beim Wohnungsbau – Innovative Organisations- und Vertragsformen, Vortrag vom 10.06.2008, Forum Wohnungswirtschaft und Bauindustrie Ettersburg.

© Springer Fachmedien Wiesbaden GmbH 2016
V. Agthe et al., *Intelligente Vergabestrategien bei Großprojekten*,
essentials, DOI 10.1007/978-3-658-16153-8

16. P. Racky: Arbeitskreis „Partnerschaftsmodelle in der Bauwirtschaft" im Hauptverband der Deutschen Bauindustrie [Hrsg.], Leitfaden für die Durchführung eines Kompetenzwettbewerbs bei Partnerschaftsmodellen, Hauptverband der Deutschen Bauindustrie e. V., Berlin, 2007.

17. R. Schach/ J. Otto: Baustelleneinrichtung. Grundlagen – Planung – Praxishinweise – Vorschriften und Regeln, Vieweg + Teubner, Wiesbaden, 2. Aufl. 2011.

18. K. Eschenbruch: Construction Management, NZ Bau 2001.

19. B. Messerschmidt/ T. Thierau: in: K. D. Kapellmann/B. Messerschmidt, Vergabe- und Vertragsordnung für Bauleistungen mit Vergabeverordnung (VgV), VOB/B Anhang, 5. Auflage, C.H.Beck, München, 2015.

20. BGH, Urteil vom 22.03.1984, in: BauR 1984, S. 395 f.

21. N. Kleine-Möller/ H. Merl/ J. Glöckner: Handbuch des privaten Baurechts, 5. Auflage, C.H.Beck, München, 2014.

22. K. D. Kapellmann/ K.-H. Schiffers: Vergütung, Nachträge und Behinderungsfolgen beim Bauvertrag: rechtliche und baubetriebliche Darstellung der geschuldeten Leistung und Vergütung sowie der Ansprüche des Auftragnehmers aus unklarer Ausschreibung, Mengenänderung, geänderter oder zusätzlicher Leistung und aus Behinderung gemäß VOB/B, Band 2: Pauschalvertrag einschl. Schlüsselfertigbau, 5. Auflage, C.H.Beck, München, 2011.

23. Arbeitsgemeinschaft Industriebau e. V., AGI-aktuell: Der GMP-Vertrag – Zugehörige Zusammenarbeits- und Organisationsmodelle, Auswahlverfahren und Preisfindung, Arbeitsgemeinschaft Industriebau e. V., Bensheim, 2003.

24. B. Schmidt: Erfahrungen mit Partnering- und GMP-Verträgen, in: P. Racky [Hrsg.], Partnerschaftliche Vertragsmodelle für Bauprojekte. 3. IBW-Symposium, 17. September 2004 an der Universität Kassel, Kassel, 2004.

25. Österreichs Allgemeines Bürgerliches Gesetzbuch (AGBG), https://www.jusline.at/ Allgemeines_Buergerliches_Gesetzbuch_(ABGB).html.

26. J. Hawkins/C. B. Thomsen: CM, Fast-Track and GMP: Building Great Projects & Avoiding Conflict through Understanding, Construction Management Association of America, Washington, 2012.

27. K. Eschenbruch/ C. J. Diederichs/ P. Bennison: Construction Management, in AHO-Heft 19/2004; Neue Leistungsbilder zum Projektmanagement in der Bau- und Immobilienwirtschaft, AHO Ausschuss Ingenieurverbände und Ingenieurkammern für die Honorarordnung e. V., Bundesanzeiger, Berlin, 2004.

28. AHO e. V.: Projektmanagementleistungen in der Bau- und Immobilienwirtschaft, erarbeitet von der AHO-Fachkommission Projektsteuerung/Projektmanagement (= Leistungsbild und Honorierung, Heft 9), 4. Auflage, Bundesanzeigerverlag, Berlin, 2014.

29. M. Gralla: Garantierter Maximalpreis. GMP-Partnering-Modelle, ein neuer und innovativer Ansatz für die Baupraxis, Teubner-Verlag, Stuttgart, 2001.

30. BGH, Urteil vom 28.10.1999, in: BauR 2000, S. 409 ff.

31. J. Bennett/ S. Jayes: Trusting the Team, Centre for Strategic Studies in Construction, Thomas Telford Publishing, London, 1995.

32. K. Eschenbruch: Partnering. Neue Konzepte der kooperativen Vertragsgestaltung, in: J. Hegger (Hrsg.), Bauen in Deutschland auf kooperativen Wegen; Potenziale neuer Planungs- und Ausführungsarten, TH Aachen, Aachen, 2005.

33. T. Heilfort/ A. Strich: Praxis alternativer Geschäftsmodelle – mehr Erfolg für Bauherren und Bauunternehmen, Institut für Baubetriebswesen Dresden, Dresden, 2004.

34. K. Grewe: Infrastrukturmaßnahmen Olympische Spiele London 2012 – ein Beispiel gelungener Projektentwicklung, in DVP-Frühjahrstagung vom 19. April 2013.

35. T. Bauer: Jahrespressekonferenz zum Tag der Deutschen Bauindustrie am 20. Mai 2015 im Hause der Bundespressekonferenz, Berlin, http://www.bauindustrie.de/infocenter/presse/pressekonferenzen/_/artikel/20052015-pk-zum-tag-der-deutschen-bauindustrie.

36. Basler Ausschuss für Bankenaufsicht: Internationale Konvergenz der Eigenkapitalmessung und Eigenkapitalanforderungen, Juni 2006, Anhang 6, Kategorie „Merkmale der Transaktion – Baurisiko – Art des Bauvertrags, Bank für internationalen Zahlungsausgleich, Basel, 2006.

37. K. Eschenbruch/ J. L. Bodden: Der Value-Engineering-Vertrag, NZ Bau 2015, S. 587 ff.

Printed in the United States
By Bookmasters